Senlin Bao

森林报

[苏联] 比安基 / 著

张书径 / 译

作者用轻快的笔调将动植物的生活描写得栩栩如生、引人入胜，还大方地传授了如何去观察大自然，如何去比较、思考和研究大自然的方法。

U0221972

图书在版编目（CIP）数据

森林报 /（苏）比安基著；张书径译. -- 长春：
吉林美术出版社，2019.12（2023.6重印）
（快乐读书吧：听读版）
ISBN 978-7-5575-5239-8

Ⅰ．①森… Ⅱ．①比… ②张… Ⅲ．①森林—少儿动
物 Ⅳ．①S7-49

中国版本图书馆CIP数据核字(2019)第278559号

快乐读书吧：听读版
森林报

著　　者　［苏］比安基
译　　者　张书径
出 版 人　赵国强
责任编辑　陈　鸣
责任校对　刘明辉
装帧设计　柏拉图
开　　本　710mm×960mm　　1/16
字　　数　200千字
印　　张　16
版　　次　2019年12月第1版
印　　次　2023年6月第11次印刷
出　　版　吉林美术出版社
发　　行　吉林美术出版社
地　　址　长春市人民大街4646号
　　　　　邮编：130021
印　　刷　吉林省恒盛印刷有限公司
ISBN 978-7-5575-5239-8　　　　定价：59.80元

CONTENTS
目 录

森林报 春

森林报 秋

森林报 冬

春暖花开月（春季第一月）

终于迎来了三月，春暖花开的时节，天空会有什么变化？森林又会有什么不同，让我们带着这些问题，一起阅读下面的文章吧。

3月21日到4月20日　太阳走进白羊宫

一年：12个月的欢乐诗篇——3月

新年快乐

3月21日——春分——白天和夜晚一样长：半天天上有太阳，半天是黑夜。今天，森林里庆祝新年——要转向春天了。

3月的世界——这里的人们都叫它温床。太阳开始**驱赶**冬天。积雪开始融化了，灰色的雪块也出现了蜂窝般的孔洞，已经不像冬雪的样子了，它们投降了！一看颜色就知道积雪要消失了。从房檐上垂下来一根根冰柱，**亮晶晶**的，顺着上面流下

水滴——一滴，两滴，三滴……形成一个小水坑——街上的麻雀**兴高采烈**地在里面扑腾，洗去翅膀上冬日的尘垢。花园里，响起了山雀银铃般的歌声。

春天飞来了，它展开欢乐的翅膀，开始了严肃的工作。第一件事就是要解放大地：一小块、一小块地把雪化开。这时，地面上的雪已经融开了，而水还在冰下面做着美梦。森林也在雪的覆盖下静静地睡着。

3月21日这天早晨，按照俄罗斯的传统，人们要做烤"云雀"吃——就是把小面包的一头捏成个小鸟嘴，放上两颗小葡萄当眼睛。这天，人们打开鸟笼，将会叫的小鸟都放到大自然中，飞鸟节就这样开始了。孩子们把心思完全放在这些长翅膀的小家伙身上了，往树上给它们挂小鸟巢——有椋鸟的，山雀的，有的还做成树洞一样；为了给鸟儿做巢，他们还把树枝交叉绑到一起；又**忙忙碌碌**地为那些可爱的小客人准备免费的食物；在学校和俱乐部举行报告会，专门谈鸟类怎样保护我们的森林、田野、花园、菜地，应该怎样保护和欢迎这些活泼的小歌唱家。

3月里，小母鸡走出门就可以喝水了。

来自森林的第一封电报（来自我们的森林记者）

白嘴鸦打开了春天的大门

白嘴鸦打开了春天的大门。在所有**冰雪初融**的地方，都出现了一群一群的白嘴鸦。

白嘴鸦是在我们国家的南方过冬。它们急匆匆地往回赶——回到北方——回到家。在路上，它们不止一次地遭遇了暴风雪。成百上千的伙伴**筋疲力尽**，死在了半道上。

　　第一批飞回来的是那些最强壮的。现在它们可以好好休息了。你看，它们踱着方步，**雄赳赳气昂昂**地，正在用结实的嘴巴刨土玩儿呢。

　　遮满天空的厚厚的乌云飘走了。在蔚蓝的天空上飘浮着大朵的白云，仿佛一个个巨大的雪堆似的。第一批野兽宝宝出生了。麋鹿和牡鹿都长出了新犄角。森林里，金翅雀、山雀和戴菊鸟一起唱起歌来。我们等候着椋鸟和云雀。我们找到了熊洞，它就在那棵被掘起的杉树树根的下面。我们轮流守候，准备报道它的到来。一股股融化的雪水在冰下面聚集。森林里到处都是**滴滴答答**的声音，树上的雪在融化。晚上，严寒重新把它冻成冰。

森林中的大事

> 经过一个冬天的沉寂，森林中的生灵们开始纷纷复苏，它们有的从南方回到北方森林的家中；有的孕育并生下了自己的小宝贝；有的褪去了白色的皮毛，身体变成春的颜色。让我们一起看看在初春时节这些小动物的表现吧。

雪地里的宝宝

田野里还有积雪，可是白兔妈妈已经生下了小兔。

兔妈妈生的小兔们，都穿着暖和的小皮袄。它们刚出生，就已经会跑了。瞧，它们**蹦蹦跳跳**地来到妈妈身边，吃饱了奶就跑到灌木丛和树墩下面躲起来，乖乖地躺在那儿，不吵也不闹，虽然它们的妈妈已经跑得**不知去向**了。

一天、两天、三天过去了，兔妈妈还在田野里到处乱逛。它太贪玩了，早把自己的小宝贝们给忘记了，可是小兔们仍旧乖乖地躺在那儿。它们可不能乱跑，如果被老鹰看见，或者被狐狸发现，那可不得了哇。

瞧，妈妈跑过来了。不对，这不是它们的妈妈——是一位兔阿姨。小兔们跑到它跟前，仰着小脑袋："阿姨，阿姨，喂喂我们吧！""行呀！来，吃吧，宝宝。"兔阿姨喂完它们，就蹦蹦跳跳地跑开了。

小兔们又回到灌木丛中躺着去了。这时候，它们的妈妈在哪儿呢？原来呀，妈妈正在其他地方喂着别家的小兔呢。

兔妈妈们早就说好了，所有的兔宝贝都是大家共同的孩子，不管在哪儿碰见小兔宝宝，都要喂它们奶吃。如果谁不在自己的宝贝身边，也有别的妈妈**照顾**。

你可能会想：这些没有父母照顾的小白兔怎么生活呀？其实，你一点儿都不用担心——它们穿着小皮袄，多**暖和**呀！兔阿姨们的奶又是那么香、那么浓，小兔们只要吮上一回，可以饱上好几天呢！

到了第八天、第九天，小兔们已经长出了牙齿，可以一点儿一点儿地吃草了。

第一只蛋

乌鸦妈妈是所有鸟妈妈中最先下蛋的。它的家就在高高的杉树上面，被一层厚厚的积雪覆盖着。天气太冷了！乌鸦妈妈很担心，蛋蛋可不要冻破啊！自己的宝宝还在里面呢！它一刻也不敢离开自己的家，找食物的任务就落在了乌鸦爸爸的头上！

第一批花

第一批花出现了，不过，你在地面上却找不到它们——地面还被雪盖着呢。森林里，可以听到**叮咚**的水滴声了，有些沟渠里的水甚至已经漫到了沟沿。看，就在这里，在这春水上方，**光秃秃**的榛子树树枝上，第一批花开放了。

一条条柔软的灰色小尾巴，从枝头垂下来，它们叫作菜荑花序。你要是轻轻摇一摇这样的小尾巴，花粉就像云彩一样**飘落**下来。

还有奇怪的呢！就在这几根榛子树树枝上，还长着另外的花朵。这些花，有的两朵，有的三朵，生在一起，看上去很像蓓蕾。每个"蓓蕾"上面都伸出一对鲜红的像小细舌头的东西。原来这是雌花的柱头，它们总能接到从别的地方随风飘来的花粉。

风自由自在地在光秃秃的树枝间散着步，没有树叶，没有东西妨碍它摇晃那些小尾巴，或者吹散那些彩色的花粉。

榛子花将来是要**凋谢**的，小尾巴也是要脱落的，那些蓓蕾上粉色的小舌头也是要干枯的。到了那时，每一朵这样的小花就会变成成熟的榛子。

春天里的小花招

在森林里，猛兽常常攻击爱好和平的小动物，在哪儿看见，就在哪儿抓住它们。

冬天里，白雪铺满了大地。兔子、鹤鹑这些白色的小动物，可以随意在大地上活动。

到了春天，白兔子和白鹤鹑就耍起花招来，它们开始脱毛，开始给自己化装。小白兔变成了小灰兔，白鹤鹑掉了好多白羽毛，在掉毛的地方，重新长出了褐色和红色带条纹的新羽毛。现在，你发现不了它们了——它们换装了。

那些攻击它们的野兽，也不得不照它们学了。伶鼬在冬天里曾是浑身雪白，白鼬也是一样，只是尾巴尖的地方是黑色的。这样，它们就能偷偷地接近那些**性情温和**的小动物了，可谓白色对白色。可是现在，人家都换毛了，它们也得跟着换哪。伶鼬全身都是灰色的了，白鼬的尾巴尖还像以前一样没有变化，还是黑色的。但这没有关系呀，因为地面也有一片片黑的**干枯**的树叶、小树枝什么的，特别是在草地上，这种小黑点儿不是要多少有多少吗？

冬季里的客人准备出发喽

在我们区所有的公路上，你能看到一群一群的白色小鸟，它们是什么鸟呢？很像鹀鸟。我们叫它们雪鸦和铁爪鸦，它们就是在我们这儿过冬的客人。

它们的故乡是在冻土地带——北冰洋的一些海岸和一些小岛上。那里，还要很久土地才能化开。

雪　崩

森林里发生了可怕的雪崩。

松鼠妈妈还在暖和的巢里睡着大觉，它的家就在一棵高大的云杉树的树丫上。

突然，一大团雪球从上面直接砸到了巢盖上。松鼠妈妈立刻蹿了出来，它的那些可怜的小宝宝刚刚出生，它们是那么无助，都留在巢里了。

松鼠妈妈明白过来了：是雪崩！它马上把雪扒开。太幸运了，雪只压住了由粗树枝搭成的巢盖，窝还是好好的，依旧铺着**蓬松**的苔藓，一点儿都没坏。巢里的松鼠宝宝还没有醒呢！

它们是那么小——眼睛都还没有睁开，耳朵也听不到，浑身**光溜溜**的，和小老鼠一样大。

潮湿的房间

雪一点儿一点儿地融化着。住在森林地下室里的住户，日子可就不好过啦！鼹鼠、野鼠、田鼠，还有狐狸，这些住在地洞里的小动物，都被**潮湿**害苦了。它们现在都这么难受，等到雪都变成水的时候，那可怎么办哪？

神秘的茸毛

沼泽里的雪融化了，一个个草墩里面满是水。在草墩下面，一些银白色的小穗闪着**光泽**，随风在绿色的草茎上摇曳着。难道是去年秋天的种子，没来得及飞走？难道它们在雪里埋了一冬天？不对——它们太干净了，太新鲜了。

你把这种小穗采下来，把茸毛拨开，谜底就出现了。原来这小穗是花呀！柔丝般的白色茸毛中间，黄色的雄蕊和纤细的柱头出现了。

在四季常青的森林里

不只是在热带或者是在地中海沿岸才有那些四季常青的植物，在我们这儿——北方，也可以看到四季都是绿色的森林——在这样的森林里，遍布着绿色的小灌木丛。如果现在——新年的第一个月，你在这样的森林里散步，你的心情会特别愉快的，因为这里没有褐色的烂叶子，也没有那些让人难以忍受的干草。

毛茸茸的小松树，从远处看去，绿油油、灰蒙蒙的。在这些小树中间玩儿一会儿，该有多愉快呀！这儿的一切都是那么生动：柔软的青苔泛着绿光，越橘的叶子**闪闪发亮**；石楠柔柔的枝条上长满了小小的叶芽，像是一片片绿色的鳞片，树枝上还保留着去年的浅紫色的小花！

在沼泽的周边，还可以看到一种常绿的灌木——蜂斗叶。它的叶子是暗绿色的，叶沿向上卷起，顺着边沿看上去，就可以看到白色的叶子背面了。不过，谁也不会把目光只留在叶子上，因为还有更有意思的东西呢：花！漂亮的、粉色的、像小铃铛一样的小花！它们多像越橘花呀！在这样早的春天里，在森林里能够找到花，是多么让人高兴啊！如果你能采一束，把它带回家——谁能说这是从野外带回来的呢？人们肯定会说，这是从**温室**或者花棚里找到的。

鹞鹰和白嘴鸦

"噼——噼！呼啦——呼啦——呼啦"——什么东西从我头上飞过去了？我一抬头，啊！有五只白嘴鸦在追一只鹞鹰。鹞鹰左躲右躲，最后还是被追上了，白嘴鸦们用嘴使劲地啄它的头。鹞鹰痛得大叫，到处乱跑，最后终于**侥幸**脱身，狼狈地逃走了。

我站在高高的山顶上，能够看得很远。我看见，这只鹞鹰落在远处的一棵树上休息——还没缓过神儿——不知从哪儿又冒出来一大群白嘴鸦，尖叫着向它扑去。鹞鹰一下子疯狂了，狠狠地冲着一只白嘴鸦飞过去，狂叫着。那只白嘴鸦害怕了，急忙闪开。这时，鹞鹰机敏地冲向高空，远远地飞走了。白嘴鸦们看着到嘴的猎物跑掉了，也就解散了队伍，在田野里分开了。

城市新闻

一天气转暖，小动物们纷纷走出家门，来到户外一展歌喉，在城市的屋顶上，发生了许多有趣的事情，让我们一起来看一看、听一听，它们到底发生了什么事吧。

屋顶上的音乐会

每天晚上，当**夜幕降临**的时候，屋顶上都会举行音乐会，这是由小猫咪们组织的。它们很喜欢这样的音乐会。不过，每次，音乐会都会以歌手们群殴收场。

在阁楼上

最近一段时间，一位《森林报》的工作人员跑遍了市中心的住宅区，考察动物们在阁楼上的生存状况。

那些鸟**栖身**在阁楼的角落里，它们对自己的住宅很满意。谁要是冷，谁就住得离烟囱近些，享受免费取暖。母鸽子们已经开始孵蛋了；麻雀和寒鸦飞遍了整个城市，搜集搭窝用的稻草和做软垫子用的绒毛、羽毛。

鸟儿最不喜欢猫儿和淘气的男孩子，因为他们老是搞恶作剧，弄坏它们**辛辛苦苦**做成的窝。

麻雀风波

椋鸟窝旁边**乱哄哄**的，有几只鸟又吵又叫，绒毛、羽毛、稻草飞得到处都是。

原来是房间的主人——椋鸟——回来了，它们发现麻雀占了自己的巢，就揪着它们往外撵。椋鸟很生气，连麻雀放在房间里的羽毛褥子都扔了出去，甚至连麻雀的味道都不允许有！

有个水泥工人正站在梯子上干活儿，他把水泥抹在房顶的裂缝上。麻雀在屋檐下蹦蹦跳跳地玩耍，突然，它看了看屋檐，好像想起了什么，大叫一声，向工人的脸上扑了过去。水泥工人拿着小铲子挥舞着撵它，但它就是不走。他怎么也想不到，他把裂缝里的麻雀窝给封上了，那里面还有麻雀蛋呢。

吵闹声、叫嚷声！绒毛、羽毛飞得到处都是。

还在做梦的绿豆蝇

房子外面出现了一些很大的绿豆蝇，它们看上去蓝里带绿，闪闪发光。和秋天时一样，它们显得**迷迷糊糊**的，好像梦游一样。它们还不能飞，沿着屋子的墙壁**来来回回**地爬着，摇摇晃晃地一步一步地挪着细腿。

它们一整天都在晒太阳，晚上的时候才爬回墙壁和栅栏的裂缝中。

屋外出现了一群流浪汉——苍蝇虎

俗话说，狼靠腿来找吃的，苍蝇虎也是这样。它们不会像蜘蛛那样织那么复杂的网。它们捕食的方法很简单，它们进攻苍蝇和昆虫的时候，就是使劲一蹦，跳到猎物背上就吃。

石 蚕

从河面冰封的水里爬出了一些灰色的小昆虫。它们**慢慢悠悠**地爬到岸边，从厚厚的外壳里解脱出来，就变成了另外的样子——扇着翅膀、又细又直的昆虫了。它们既不是苍蝇，也不是蝴蝶，它们的名字叫作石蚕。

它们的翅膀虽然又长又轻，可还不能飞：它们太弱了，还需要阳光来**抚慰**。

它们爬着穿过马路。过路的人踩着它们，马的蹄子踏着它们，汽车轮子压着它们，麻雀啄着它们。可它们还是前进，再前进——它们有几千、几万只呢！只要爬过了马路，就可以到房屋的墙壁上晒太阳了。

森林村的观测站

从 19 世纪末著名的自然科学家凯戈罗多夫教授开始在森林村进行观察以来，针对这种区域性自然现象的科学研究一直在进行。

现在，在苏联地理协会领导下，以凯戈罗多夫教授命名的专业委员会组织物候学观察者开展工作。

全国各地爱好物候学的人，都给委员会发来了自己的报道。他们多年来一直在记录着鸟儿的迁徙史，植物花开花谢的规律，昆虫出现和灭绝的现象。根据这些记录，我们可以编写一部自然历，这部历书能够帮助我们编制天气预报和确定各种农业工作的期限。

现在，森林村已经成立了中央物候学观测站。像这种有五十年以上历史的观测站，世界上只有三个。

来自森林的第二封电报

大多数动物已经结束了冬眠，它们纷纷走出自己的家，来到野外寻找食物。还有一些勤劳的鸟儿要安家落户了，我们也帮助它们筑巢吧！当然不能忘了田野中、树林里最先开放的花朵，它们带着春的气息在向我们问好呢！

（来自我们的记者）

椋鸟和云雀飞来了。它们唱起了歌。

我们**耐心**地等着，熊还是没从洞里爬出来，难道它在里面冻死了？大家瞎想着。

突然，洞上面的雪振动起来。

不过，从洞里面爬出来的东西一点儿也不像熊。你以前肯定没见过这种**野兽**，它的个头儿有小猪那么大，浑身长满了毛，黑色的肚皮，灰白的脑袋上面长着两道暗色的条纹。

原来这不是熊洞啊，是獾子洞，刚才爬出来的是獾子。

现在，它已经不再冬眠了。每天夜晚，它都去森林里找蜗牛、幼虫、甲虫，吃树根和草根，逮田鼠。

我们开始满森林地找熊洞，终于找到了，就在那儿，这回可是真正的熊洞。

熊还在睡觉。

水已经把冰漂起来了。

雪正在塌方。琴鸡到了发情的季节，开始四处求偶；啄木鸟在树上，咚咚咚，咚咚咚，一个劲儿地敲着鼓。

以前那条可以在上面滑雪橇的路，已经**泥泞不堪**了。现在，我们再走这条路，只能坐马车，滑不了雪橇了。

请准备房间吧

谁希望椋鸟来到自己的花园**安家落户**呢？如果是你，那你就得赶快给它们准备房间啦。房间一定要干净，房间的门一定要开得很小，让椋鸟能钻进去，猫爬不进去。

也不能让猫把爪子伸进去，房间门里面还得钉上一块木头做的三角板。

小蚊子的舞蹈

在欢乐、祥和的日子里，小蚊子就开始在空气中跳舞了。

请不必害怕它们，它们不是叮人的蚊子。

轻盈的小蚊子，一群群地聚集在一起，像根柱子一样，在空气中晃动着，旋转着。在那儿，有很多这种蚊群——这些**萦绕**在空中的小黑点儿，和雀斑一样显眼。

第一批小蝴蝶

蝴蝶出现了，它出来透透气，顺便在太阳光下把自己的翅膀烘一烘。

第一批出现的，是在阁楼顶上过冬的黑褐色带黄斑的荨麻蛱蝶，还有一些淡黄色的柠檬蝶。

在公园里

在公园和花园里，雌燕雀唱着嘹亮的歌，它挺着淡紫色的胸脯，伸着浅蓝色的脑袋，蹦蹦跳跳地聚在一块儿，等待着总是有些迟到的雄燕雀。

新的森林

植树造林会议召开了，森林学家、林业工作人员、农学家们都来了。

为了在我们伟大祖国的草原地区造一大片森林，科学家们在一百年前就开始了勘察和实践工作。我们选定了三万多种乔木和灌木，它们适合各种草原。对于不同草原的特性，它们的适应能力都是很强的。比如，对于顿尼茨草原来说，最好的树种就是和锦鸡儿、忍冬和其他灌木种在一起的一种橡树。

在我们的工厂里，正在研制一种新机器，我们可以利用它在很短的时间内造出一大片森林。

现在，我们已经造出了几十万公顷森林。

最近几年，我们全国还要造出几百万公顷的新森林。它们能够很好地帮助我们提高农作物的产量。

春天的花朵

院子里开出了叫作款冬的黄色的小花。

街上，有人在叫卖一束束春花，这些花儿是森林里第一批开放的。卖花人把它们叫作"雪下紫罗兰"，虽然它们在颜色和味道上都不大像紫罗兰。其实，它们真正的名字叫作蓝耳草。

树木也醒了过来——白桦树树干内的树汁已经开始流动起来。

谁游过来了

在森林村公园的峡谷里，一条条小溪**蜿蜒曲折**地延伸过来。我们的林业工作者在一条小溪上用石头和泥土做了一道拦水坝，我们很想看看什么动物最先游过来。

我们等了好长时间，什么东西都没看到，只有一些小树枝、小树叶飘了过来，在池塘里打转转。

后来，一只老鼠从小溪底部**晃晃悠悠**地被冲了出来。是的，它不是普通的老鼠，不是那种灰色的、长尾巴的家鼠。它浑身长着棕黄色的细毛，中间夹杂着一些条纹，原来它是短尾巴田鼠。

它可能已经死了一个冬天了，一直在雪里埋着。现在，雪变成了水，小溪就冲着它，到了这个不知名的地方。

又过了一会儿，流水带来了一只黑色的小甲虫。它手脚乱动，转着圈，使劲**挣扎**着，怎么也不能从水里爬出来。最初，大家都在想：这可能是某种在水里面生活的小甲虫，后来捞出来，仔细一看——原来是最让人讨厌的"屎壳郎"啊！

看样子，它也醒了。它是怎么到水里来的呢？当然，肯定不是自己愿意来的。

接着看！那是谁来了，两条后腿一蹬一蹬的，它自己游进了池塘。你猜，它是谁啊？对，是青蛙！

周围还都是雪，但是青蛙可不管那些，见到水，立刻就来了。

它从水塘跳到岸上，很快，就消失在灌木丛里了。

最后，又游过来一个小东西。褐色的，很像刚才那只老鼠，只是尾巴更短一些。原来是只水老鼠。

入冬的时候，它给自己储备了好多粮食，现在都吃光了。它看到春天来了，就想办法出来找吃的了。

款　冬

小土包上早就出现了款冬的一群一群的细茎。它的每一群茎都是一个小家庭。其中，年纪大一些的，是哥哥姐姐，它们长得比较苗条，茎也高高直直的。挨着它们长的那些肥肥胖胖的，是它们的弟弟妹妹。

还有一种特别可笑的款冬的茎，它们弯着腰站在那儿，不敢抬头的样子——好像是很害羞，怕见生人，就像是刚刚来到世上一样。

每一个这样的小家庭，都是一点点地从地下的根茎上长出来的。根茎里，从去年秋天就已经在储藏食物了。现在，食物都快吃光了，但在开花的时候还是要靠这些养分的。过几天，这些小脑袋就会变成一朵朵黄色的，像向日葵一样的小花。准确地说，那不是花——而是花絮，一束一束地，紧密地挤在一块儿。

当花开始凋谢的时候，就会从根茎里长出叶子来。根茎很会爱护自己，它们生出叶子，让叶子吸收阳光，把养分和食物再存起来，为明年过冬做准备。

天空中传来了喇叭声

圣彼得堡的居民非常吃惊，天空中竟传来了喇叭的声音。

早晨，天刚**蒙蒙亮**，街上还没有行人，整座城市还在熟睡。就在这时，那喇叭声就清楚地传来了。

要是眼睛好使，你就会看到，一大群大白鸟紧贴着云朵在飞，它们有着又细又长的脖子。

这是一群喜欢排着队飞行的野天鹅。

每年春天，它们都会在我们城市的上空飞过，用它们的大嗓门吹着喇叭：克噜噜！克噜噜！不过，如果在城市里，街上比较吵闹的时候，想听到这样的喇叭声就很困难了。

现在，野天鹅们**急急忙忙**地向着科拉半岛的阿尔汉格尔斯克方向飞去，或者到北德维纳河两岸去搭窝。

庆功会的门票

我们在等待我们的鸟类朋友，大队部给我们少先队员都分配了任务——为椋鸟做窝。

于是，我们大家就开始做这件事了。我们有一个木工厂，在那里，可以培训那些还不会制造椋鸟窝的同学。

我们将把**许许多多**鸟窝挂到学校的花园里。让这些鸟儿住在我们这儿，帮我们保护苹果树、梨树、樱桃树，让它们消灭掉那些有害的青虫和甲虫。过几天就是鸟节了，我们要举行庆祝会。大家都商量好了，每个少先队员都要把椋鸟窝带来，鸟窝就是庆祝会的门票。

森林通讯员　伏洛加·诺威、任尼亚·科良吉克

来自森林的第三封电报（急电）

冬眠后苏醒的生灵们最头疼的问题出现了，冬季储存的食物没有了，要快快出动寻找食物。可是，初春却没有生长太多食物呀，所以我们大家要互相帮助。小麦们缺乏养分，农场职工就用飞机载着化肥养料飘洒给它们。当然森林里还是有一些事情是需要我们注意的，比如积雪融化、河流解冻，有可能会发大水，打猎的时候不要将鸟儿们赶尽杀绝！

（来自我们的记者）

我们在熊洞旁边的树上轮班守候。突然，雪被什么东西拱起来了，一个又大又黑的兽头露了出来。

一只母熊爬出来了，后面还跟着两只小熊。

它边爬边打着哈欠，向森林的方向走了过去。活泼的小熊跳着跟在妈妈的身后，我们只来得及看见母熊瘦瘦的背影。

现在，它在森林里转来转去，看得出来，它的心情很好——睡了这么长时间，它现在见什么吃什么：树根、枯草，还有浆果。这时候，就算有一只小兔子，它也不会放过的。

春水泛滥

冬天的统治结束了。云雀和椋鸟在**自由自在**地唱着歌。

大水冲破了薄薄的冰层，溢到外面来了，广阔无垠的田野里全是水。

田野里"失火"了：是太阳放的，积雪都快被太阳烤化了。在已经露出来的土地上，碧绿的小草让人看了心情舒畅。

在春水**泛滥**的地方，第一批野鸭和大雁出现了。

我们看见了第一只蜥蜴，它从树皮底下钻出来，爬到树墩上晒起了太阳。

每天都发生很多很多有意思的事，我们都记不过来了。

城市里发生了交通拥堵——发大水了。

关于这次大水造成的动物死亡情况，我们将通过飞鸟传书在下一期《森林报》上发表。

乡村日历（尼·巴甫洛娃）

把春水留住

融化了的雪水，谁的意见也不听，就想从田野里跑到洼地里去。人们用厚厚的积雪在斜坡上修了一道城墙，及时地把它留了下来。水被扣留了，并开始慢慢地渗入到田里。

田野里的绿色居民感觉到了，于是它们的根努力地喝水——真开心哪！

新出生的小宝贝

今天夜里，猪圈里的值班员正在为母猪接生。所有的小猪都是肥肥胖胖的，摇着脑袋，晃着屁股，哼哼乱叫。年轻的猪妈妈们焦急地等待着，但饲养员每隔一个小时才会把这些挺着小鼻头、摇着小尾巴的宝贝送来吃奶。

去暖和的新房子喽

人们把土豆从寒冷的仓库搬到暖和的新房子里去了。土豆对这次搬家很满意，于是，它们准备生芽了。

绿色的新闻

商店里出现了一些新鲜的黄瓜。但你知道吗？它们的花并没有蜜蜂来采蜜，它们生长的土地，也不是太阳烤热的。

但这些黄瓜确确实实是真的黄瓜：又大又壮，肥美多汁，浑身上下长满了小刺，而且还有黄瓜特有的清香。只不过，它们是在温室里长大的。

去帮助饥饿的朋友吧

雪，融化了。我们发现，整片原野竟然被一层又细又瘦的"青草"覆盖着。大地仍然冰冻着，一点儿东西也舍不得**施舍**给细嫩的"草"根。"小草"可真不幸呀，它在**忍饥挨饿**呢。

可是，在农场职工的眼中，这些"小草"可珍贵呢！因为，这些又细又瘦的"小草"是秋播的小麦。所以，职工们准备了草木灰、鸟粪、食用盐作为它们的肥料。

他们还从"空中饭店"给饥饿的朋友撒下救命的食物。

"空中饭店"——一架飞机将飞到田野的上空，为它们喷洒食物，确保每一株"小草"都吃得饱饱的。

狩 猎

春天，我们这儿只允许在很短的期限内打猎。如果春天来得早，那么打猎也能早些开始。要是春天来晚了——那只好晚些出去了。

春天里打猎，主要对象是森林里的鸟或者水边的鸟，也就是雄田公鸡和雄鸭，而且不许带狗。

猎人的爱好

白天的时候，猎人从城里出发，傍晚就已经来到森林了。

天**灰蒙蒙**的，没有风，下着小雨，很暖和。这正是打猎的好天气。

猎人选好了一个地方，靠在一棵云杉旁边。周围的树木都不高，都是些赤杨、白桦、云杉什么的。

还有一刻钟太阳就要落山了，现在还有时间，可以抽一根烟，过会儿可就不行了。

猎人站在那儿，仔细地听着：森林里，各种各样的鸟儿都在唱着歌。棕树的树顶上有只鸟儿，应该是鸫鸟，它尖声鸣叫着；丛林里传出啾啾啾啾的声音，应该是红胸脯的欧鸲发出的声音。

太阳落山了。

鸟儿们一只接一只地停止了歌唱。最后，连鸫鸟和欧鸲也不出声了。

现在可要注意了，留心听！**寂静**的森林上空突然传来了轻轻的声音：

"切尔科，切尔科，好了——好——了！"

猎人一惊。把枪放到了肩膀上，一动不动，哪来的声音呢？

"切尔科，切尔科，好了——好——了！"

"切尔科，切尔科……"

是一对呀！

在森林的上空，两只长着长嘴的勾嘴鹬**急匆匆**地扑扇着翅膀。

它们一只跟在另一只后面——不是打架。

也就是说，前面的是雌的，后面的是雄的。

乓！——后面的那只，像车轮子一样，旋转着，坠到了灌木丛里。

猎人像箭一样冲了过去：他知道，如果去晚了，受伤的鸟儿躲到灌木丛里，那就**白费工夫**了。

瞧，勾嘴鹬的羽毛和树叶一样灰蒙蒙的。

它挂在灌木上面，一眼就看到了。

那边，不知道哪儿又传来了"切尔科，切尔科"的声音。

太远了——散弹打不到。

猎人又靠着云杉，**聚精会神**地倾听着。森林里好静啊！

"切尔科，切尔科……""好了——好——了！"叫声重新响了起来。

那边，在那边——太远了……

扔个什么东西把它吸引过来，应该可以的！

猎人摘下帽子，向空中抛去。

雄勾嘴鹬很机敏，它正在昏暗的森林薄雾里找自己的爱人——雌勾嘴鹬。猎人忽然看见一个**黑乎乎**的东西从地面飞起来，又落了下去。

是雌勾嘴鹬！

它在空中转了个圈，向下飞去——直接冲着猎人的方向。

猎人的手激动得直发抖。

乒！乒！——没打着！

最好放过一两只吧！没准头了——得静下心来。

好了——手已经不抖了，现在可以射击了。

森林深处黑黝黝的。这时，不知道哪儿传来了一声又大又可怕的叫声。一只正准备入睡的鹳鸟，吓得立刻**惊慌失措**地尖叫起来。

太黑了——已经不能再开枪了。

猎人想：趁着还能看得见小路，应该赶到鸟儿交配的地方去。

松鸡交配的地方

已经是半夜了，猎人坐在森林里，一边吃东西，一边从暖瓶里倒水喝。他可不敢生火——火会把松鸡吓跑的。

不久，天就要亮了，交配在黎明前才开始。

在寂静的黑夜里，突然传来了猫头鹰的两声嘶叫。

这该死的家伙，这么叫会把松鸡吓跑的。

东边的天空已经开始发白了，好像在哪儿，有什么东西在唱歌，刚好能听清——"咋泰克，咋笑克"。

猎人踮着脚，仔细听。

听，还有另外一只在叫。就在不远的地方，应该有150步。

猎人轻轻地移动着脚步，越来越近。他手里端着枪，手指已经扣住了扳机，眼睛紧盯着不远处那棵粗大的云杉。

听，"咋泰克"的声音停止了，那只松鸡开始连续啼鸣起来。

猎人突然跳离了原来的地方——一步，两步，三步，然后站住，一动不动。

松鸡的歌声中断了，静悄悄的。

松鸡好像察觉到什么了——它在仔细听呢！它机敏极了，只要有一点点响动，就立刻冲出去，在森林里展开大翅膀，跑得无影无踪！

但它什么也没听到，于是又"咋泰克，咋笑克"地叫了起来——就像两根木头轻轻地撞击着。

猎人还是站着不动。

于是，松鸡高兴了，重新啼鸣起来。

猎人又是一跳。

松鸡赶忙停住啼鸣，嘴里因为着急，还发出"克克克"的声音。

猎人一只脚还停在半空，但他不敢动了。因为他知道，松鸡在听着呢。

过了一会儿，没发现情况，松鸡又开始"咋泰克，咋笑克"地叫了。

就这样，重复了很多次。

猎人已经很接近了，他知道，松鸡就在这棵云杉树上——好像就在树的中间，应该距离地面很近。

它玩儿得太高兴了，已经晕晕乎乎了，什么也听不见了，哪怕是喊它。

可是，它到底在哪儿呢？难道是在那片漆黑的针叶树上？

啊哈！看到了，就在那儿！在一棵满是针叶的云杉枝头，几乎就在猎人旁边——也就是三十步远——长长的黑脖子上面顶着一个鸟头，还带着一撮胡子……

现在没有声音，可不能动弹……

"咋泰克，咋笑克"——歌声又响起来了。

猎人端起了枪，瞄准那个黑影——就是那个长胡子的像公鸡一样的大鸟，它的鸟尾巴大得像是一把打开的大扇子。

乒！——那只松鸡掉到雪地上了。

哈！好大的家伙，浑身都是黑的，肯定有五千克！整条眉毛都是红色的，颜色就好像是刚流出来的血的颜色似的。

森林剧场

　　🕊首先我们要去看一看琴鸡交配场发生了什么事？原来，一场激动人心的冠军争夺战开始了，雄琴鸡们正在争夺最强壮琴鸡的头衔，并以此获得雌琴鸡的青睐。它们激战正酣，却不知道远处正有危险悄然而至，它们的命运又将如何呢？

　　（来自我们专业的记者）

琴鸡交配场

　　在一片不大的林间草地上，有个剧场。太阳还没有起床，但周围的一切都看得很清楚，因为现在是**极昼**——夜是白的。

　　剧场吸引来很多观众——一些彩色的雌琴鸡。它们有的从上面飞下来，在地上吃东西，有的很安静地坐在树上。

　　它们在等待着，过会儿好戏就要开幕了。

　　瞧，从森林里飞来了一只雄琴鸡，它直接落到了空地中间。它是那么漂亮，浑身**乌黑**，肩膀上有几道条纹，这就是我们的主角。

它的眼睛是黑色的，像纽扣一样，**机警**地扫了一圈交配场——空地上，除了一些来做观众的雌琴鸡之外，一只动物都没有。

那边是什么东西呀，是灌木丛吗？好像昨天还没有呢！这简直是开玩笑：难道一夜之间就能长出一米多高的云杉来吗？是自己忘记了？还是年龄大了，老糊涂了？

该开始了。

我们的主角再一次向观众群看了看，然后，就把脖子伸到了地上，拖着两只大翅膀，翘起了华丽的大尾巴。它**叽里咕噜**地发表演说："我要卖掉皮大衣，买件大褂，买大褂！"

"噗！"一只雄琴鸡落了下来。

"噗！噗！"一只，又一只，好多琴鸡都飞了过来，站在地上。

看把我们的主角气的！

它浑身的毛都直立起来，脑袋已经贴到了地上。尾巴展开了，像一把大扇子。嘴里发出"就呼——费，就呼——费"的声音，这是**挑战**的意思："飞过来吧，假如你们不怕掉羽毛。"

交配场的另一头，有只雄琴鸡回应了挑

战："就呼——费，就呼——费，你要是胆子大，你过来试试！"

"就呼——费，就呼——费，行啊，我们这有二十，不，三十只雄琴鸡——数都数不过来，你有种就挑一只试试，它们都做好打架的准备了。"

雌琴鸡们静静地蹲在树杈上，没有一点儿表示，好像对这出戏一点儿都不关心的样子。这些美人原来这么狡猾啊。这出戏就是为它们准备的，这些长着黑白色尾巴、火红眉毛的战士大老远地来到这儿打架，不也是为了它们吗？

每只雄琴鸡都想在美人面前展示一下自己的力量和打架的能力。蠢笨的、胆小的快走开！只有胆大、勇敢、灵活的斗士，才值得它们关注。

看吧，好戏开始了………

满场都是"就呼——费"和叽里咕噜的挑战声。雄琴鸡们把头弯到了地上，朝着对方逼过去。

两只雄琴鸡对上了。它们头对着头，嘴对着嘴，向对方狠狠地啄了过去。

"糗事，啾唬"——鸡冠上的毛都竖起来了。

天渐渐亮了。舞台上方升起了薄雾，那是白夜的窗帘。

在云杉丛中——交配场上哪儿来的云杉哪？——闪着金属光泽。

雄琴鸡还在专注地打架呢，它们哪儿顾得上云杉哪！

雄琴鸡都在捉对厮杀。

交配场上的主角离树丛最近了。它已经打跑了两个对手了，真不愧是主角，森林里还能找到比它更厉害的吗？

第三个对手就很可怕，既勇敢，动作又快，跳起来就啄了主角一口。

"糗事，糗事！"主角凶狠地冲着对方大骂。

美人们蹲在树杈上，伸长了脖子，**津津有味**地看着。这才叫好戏呢！这才叫真正的战斗呢！这只肯定不会跑开的，无论如何也不会跑开的。看，又一对跳了起来。它们在空中就开始动手了，扑扇着结实的大翅膀，撞出**噼里啪啦**的声音。

撞击，又是撞击，啄，再啄——你都不知道，是谁啄到谁了。有一对摔到了地上，它们向两个方向跳开。年轻的那只，翅膀上坚硬的羽毛都折断了好几根，蓝色的羽毛向外支棱着，好像破布片一样披在身上；年纪大的那只更惨一些，火红的眉毛下面流出了鲜血——一只眼睛被啄瞎了。

美人们有点儿不安了，它们在树杈上来回地换着脚站立。谁打赢了？难道是年轻的把年纪大的打败了？年轻的小伙子多漂亮啊：**密实**的羽毛散发着蓝光，尾巴、翅膀上的条纹多光鲜哪！

瞧，它们又跳起来了——撞到一块儿。年老的蹿到上面去了！

接着它们又都趴下了，跳着分开了。

可马上又扭到一块儿去了。这次，年轻的蹿到了上面！

现在是最后的战斗了。看！

它们摔倒了，又跳开。

然后又蹦到一起，扭打起来。

砰！巨大的声音在森林里传开。从小杉树丛里冒出了一股轻烟。

交配场的搏斗停了一小会儿。树上的雌琴鸡伸着长脖子左看右看，不知道发生了什么事。雄琴鸡**吃惊**地竖起了红色的羽毛。

怎么了？发生什么事了？

没关系，一切都好好的。

除了自己人，这儿谁也没有！

静悄悄的，小杉树后面的烟也散开了。

一只雄琴鸡回过头，看到了站在对面的敌人。它一个纵身，照着对方的脑门狠狠地啄去。

好戏还在继续，一对对雄琴鸡还在**不知疲倦**地打着。但是，美人们在树杈上看到：刚才打架的那对，老的和年轻的雄琴鸡都死在地上了，难道它们互相把对方都打死了？

好戏还在上演。应该看舞台上面的表演才是。现在哪一对最有意思？这些黑斗士哪个是今晚的获胜者呢？

太阳升到森林上方的时候，好戏闭幕了。小杉树后面走出来一个猎人，他拾起老琴鸡和它年轻的对手。

猎人把它们揣在怀里，扛起枪，回家了。

在穿过森林的时候，他一直竖着耳朵，好像怕遇到什么人似的……因为今天，他做了两件不光彩的事：第一，他**违反**了法律，在法律禁止的时间出来打琴鸡；第二，他打死了琴鸡交配场上的主角。

明天，交配场上的戏恐怕演不成了：没有了主角，谁还能带头演戏呢？

交配场被破坏了。

我们是《森林报》编辑部

> 春季已到，世界各地的景色又是怎样的呢？原来它们的景色大不相同，但都各具特色、美不胜收，有的依旧寒冷，有的春暖花开，有的青草遍地，有的冰雪封门，快让我们一起去欣赏一下吧。

今天，3月21日，春分，我们正在进行一次无线电播报。

呼叫：东方，西方，南方，北方。

呼叫：苔藓！原始森林！草原！山川！海洋！沙漠！

请注意，请报告你们那里发生的情况。

喂！喂！

这里是北极

今天，我们这里迎来了一个伟大的节日。在很长很长的冬天过后，太阳终于露出了笑脸！

第一天，从海面上只能看到它的一个淡淡的弧顶。过了几分钟——又躲起来了。

过了两天，太阳已经露出半个腰了。

又过了两天，它才逐渐升起来。最后，整个都升起来了——脱离了**海平面**。

现在，我们这儿的白天是最短的了。从早到晚总共也就是个把钟头，这有什么关系呢？反正光明总要来到的。明天，白天就会长一些，后天——比明天还要长一些。

在我们这儿，水和土地都被深深的雪层和厚厚的冰层**覆盖**着。白熊在自己的冰洞里睡得正香。无论在哪里，你都别想看到绿芽，或者是飞鸟，这里有的只是严寒和暴风雪。

这里是中亚

我们这儿已经种完了土豆，现在开始种棉花。这里的太阳很烤人，街上的灰被风一吹，到处都是。桃树、梨树、苹果树正在开花。扁桃、干杏、白头翁和风信子的花朵已经凋谢了。还有，我们已经开始栽防风林了。

现在，乌鸦、白嘴鸦、云雀都飞向北方了。这个冬天，它们一直待在我们这儿，如今该回家了。

来我们这里避暑的燕子、白肚皮的雨燕什么的，现在都已经飞来了。红色的野鸭已经在树洞和土洞里孵蛋了。

喂！喂！

这里是远东

在我们这里，狗睡了一冬之后，已经醒来了。

不，不，你没听错。是狗，不是熊、土拨鼠，也不是獾。你是不是以为，无论哪儿的狗都不会冬眠的？可我们这儿的狗恰恰就是在冬天**呼呼大睡**。

我们这里有种特别的狗——野狗。个头儿比狐狸小一些，长着四条短腿，浑身长满了又密又长的棕色毛发，耳朵都看不见了。一到冬天，它就钻到洞里去睡觉，就和獾一样。现在，它终于睡醒了，开始逮老鼠了，它还会捉鱼。

人们都叫它浣熊狗，因为它长得特别像美国的浣熊。

在海边，我们开始逮那种扁身子的鱼——比目鱼了。在乌苏里边境地区的原始森林里，小老虎出生了。它们已经睁开眼睛看周围的世界了。

从今天开始，我们就可以等候那些路过的鱼了。它们从海洋那边**长途跋涉**，游到我们这里来产卵。

这里是西部的乌克兰

我们这儿在种小麦。

从南非飞来了许许多多白鹤，它们在外面过冬之后，这次是重回故乡！我们很高兴，它们又能在我们的小房顶上住下来。为了方便它们做巢，我们搬来了很重的小推车的轮子，放在房顶上。

现在，白鹤开始寻找一些小树干和树枝了——放在车轮上，搭起窝来。

我们的养蜂人忙坏了：因为蜂虎要来了，这种金黄色的小鸟，模样标致，**浓妆艳抹**，就喜欢吃蜜蜂。

喂！喂！

这里是新西伯利亚原始森林

我们这儿的情况，可能和你们那里是一样的。因为，你们那里也是原始森林地带——遍地都是**茂密**的针叶林——包围着我们这个国家。

在我们这儿，只有夏天才能看到白嘴鸦，春天来这儿的都是些寒鸦。一到冬天，它们就飞走，春天最先飞回来。我们这儿的春天特别友好，可惜就是太短了。

这里是外贝加尔草原

一群群羚羊、黄羊步履蹒跚地向南走去。它们刚刚从我们这儿离开，去了蒙古。

现在，这儿正是初春，冰雪初融，这样的天气对它们来说简直是灾难！白天下的雪刚刚融化，晚上就变成了冰。整个草原都变成一个巨大的滑冰场啦！

黄羊蹬着光滑的蹄子，在冰面上一步一挪，就像走在镜子上一样，站都站不住。

跑得最快的是羚羊，它们跑起来像风一样——这可是性命攸关啊。在初春的冰面上，不知道有多少羚羊要被狼或者别的野兽吃掉呢！

这里是冻土地带，泰梅尔半岛

我们这儿现在特别特别冷，还是冬天的气候，一点儿春天的味道都没有。

一大群驯鹿正在找青苔吃，它们用嘴扒开了雪，蹄子使劲地刨着冰面。

乌鸦早晚会飞来的！4月7日，我们要庆祝"乌鸦节"——这儿叫"乌嗅尔恩嘉—亚列"节。我们这儿把乌鸦飞来的日子视为春天的开始，就像你们那儿把白嘴鸦飞来视为春天开始一样。

我们这儿根本就没有白嘴鸦。

这里是高加索山脉

在我们这儿，春天是从低处向高处一点点把冬天赶跑的。

山顶上正在下雪，谷底却下着雨；小溪奔跑着，今春的第一次山洪暴发了，洪水漫过了河岸，**湍急**的河水席卷着路上碰到的一切东西，奔腾咆哮着冲向大海。

此时的谷地，春暖花开，树也发芽了。在山坡的南面，暖洋洋的，**阳光明媚**，碧绿的颜色一点点地从山脚下向上延伸。

鸟儿、啮齿动物和吃草的野兽，都顺着绿色向山顶上移动。狼呀、狐狸呀、野猫，甚至可怕的雪豹，也都追踪着牡鹿、兔子、野绵羊、野山羊什么的，向山上跑去。

冬天向山顶上撤退了，春天带着大大小小的动物们，紧紧地追了上去。

这里是中亚的沙漠

春天真让人高兴，就算在我们这儿的沙漠里也是一样，经常下雨，一点儿都不热。到处都长满了小草，就连沙地上都是，真不知道这些小草是从哪儿来的。

灌木丛里伸出了叶子，**沉睡**了一冬的动物从地底下钻出来，屎壳郎、象鼻虫也都飞来了。

蜥蜴、蛇、乌龟、土拨鼠、跳鼠什么的，也从深深的洞穴里爬了出来。

从山上飞下来一大群兀鹰——它们去捉乌龟。兀鹰的嘴又弯又长，伸进乌龟的硬壳中，把肉啄出来吃。

春天的客人飞来了：有小个子的沙漠莺，有会跳舞的鸟，有各种各样的云雀——大云雀、亚洲小云雀、黑云雀、白翅膀

云雀、带羽冠的云雀。

天空中到处都是它们的歌声。

在这样温暖明媚的春光里，你再也不能说沙漠是毫无生气的了，它里面的生命是多么**丰富多彩**呀！

喂！喂！

这里是海洋，这里是北冰洋

在北冰洋的海湾处，有好多冰块，也有整片的冰场。在一块冰上，躺着一个家伙——浅灰色的野兽，两边的腰上黑乎乎的——这是格陵兰雌海豹。就在这里——寒冷的冰面上——它们生下了自己的小宝贝。小海豹生下来就是**毛茸茸**的，像雪一样白，只有眼睛和鼻头是黑的。

小海豹还要等很久才能下水，在寒冷的冰面上，它们还要躺很长时间，因为它们还不会游泳呢！

黑脸、黑腰的家伙已经爬到冰上来了——老格陵兰雄海豹。它们要脱掉自己又短又硬的浅黄色的毛。它们不得不在冰上躺一段时间，直到换完毛为止。

侦察员已经坐上飞机出发了。他们要看看，现在哪块冰上面有带着孩子的雌海豹，哪块冰上有躺着换毛的雄海豹。

他们侦察完之后，回去报告船长：哪儿的海豹最多，已经把整块冰都盖住了。

过了不久，一只载着很多猎人的专业捕猎船——海豹捕猎队，穿过一片片冰原，驶向目的地。

这里是黑海

在我们这里，海豹都不是**土生土长**的。很少有人会幸运地看见这种野兽。曾经有一只地中海的海豹，经过博斯普鲁斯海峡，偶然游到了我们这里。它从水里露出了乌黑的脊背，有三米来长，瞬间就消失了。

可是，我们这里还有许多别的野兽，比如说那些**活泼开朗**的海豚。现在，在巴统城，正是猎取海豚的最佳时机。

猎人们乘坐着马达艇，仔细地观察着四面八方飞来的海鸥，看它们飞往哪儿。通常它们在哪儿集结，哪儿就会有成群的小鱼儿。海豚也一定会到那里去。

海豚非常喜欢表演：它们在水面上翻跟头，就像马在草地上打滚儿一样。它们有时候还**集结成队**，一只接一只地从水里跳出来，在空中翻了一圈之后，再落回水中。不过，这时候，你可不要走到它们跟前去射击，它们会逃走的。要到它们觅食的地方去。在10~15米的距离外，它们不会躲避小艇。不过，你最好还是快点儿开枪。如果打中了，要把它立刻拖到船上来。否则，死海豚会沉到海底去的。

这里是里海

我们这儿的北边有冰，所以这里有很多很多海豹的巢穴。

小海豹长大了，它们的毛已经换过了，变成了深灰色，后来又变成了棕色。现在，海豹妈妈很少从**冰窟窿**里出来了，这是它们最后几次喂它们的小宝宝了。

海豹妈妈们也开始换毛了。它们到了该走的时候。在另外的冰块上躺着一群一群的雄海豹。雌海豹来到这里，和它们一起换毛。海豹身下的冰块已经开始融化了，它们不得不走上岸——继续把剩下的毛换掉。

这里有好多过路的鱼——里海鲱鱼、鲟鱼、白鲟鱼和很多别的鱼。它们来自不同的地方，聚到一块儿，游到伏尔加河、乌拉尔河的河口附近。在这里，它们将等待这两条河的上游**解冻**后，给它们带来好吃的苋菜。

那时，它们就忙起来了——一群一群的鱼，互相碰撞着、挤压着，逆着水流向上游去。它们将游到产卵的地方去——以前它们也是在那儿出生的，那个地方距离这里很远，在河的北面。那里有大大小小的支流，鱼卵就是在那儿生出来的。

沿着整条伏尔加河、卡马河、奥卡河、乌拉尔河以及它们的支流，到处都是渔民撒的渔网，等待着这些**归乡心切**的鱼类大军。

这里是波罗的海

我们这儿的渔民已经准备好了——捕捞小鳁和米鱼。在芬兰湾和里加湾里，冰刚刚融化，就会出现鲑鱼、胡瓜鱼和白鱼了。

我们这儿的港口一个接一个地解冻了，轮船已经起动了，它们要去远航。

世界各地的轮船，都开始向这边驶来。冬天结束了，波罗的海愉快的日子就要来啦！

我们这次的无线电播报到这里就全部结束了。下一次广播播报将在 6 月 22 日**隆重**进行，敬请期待！

候鸟返乡月（春季第二月）

　　过了乍暖还寒的三月，就迎来了更加温暖的四、五月。在这个美丽而春季盎然的季节里，白嘴鹤先头部队已经早早起飞，其他的鸟儿们也按捺不住激动的心情，开始了北归的旅程。

4月21日到5月20日　太阳走进金牛宫

一年12个月中的欢乐诗篇——4月

　　4月，冰雪初融！4月，大地还在沉睡，但是暖风已经吹来了，提前预报着天气要暖和了。你等着吧，还有别的事呢！

　　这个月，水从山上流下来，鱼儿跃出了水面。春天，把大地从雪里解放出来后，又开始做自己的第二件事儿了：从冰面上把水释放出来。融化了的雪悄悄地汇集成小溪，又偷偷流入小河；河水上涨，漫过了冰面。水流湍急，冲入谷底，大面积地四散开来。

欢快的春水、温暖的小雨滋润了大地，地面穿上了绿色的连衣裙，上面还带着色彩斑斓的春花，俏生生的。森林这时候还赤裸裸地站在那里，等待着属于自己的时刻——春天的降临。不过，树里的浆汁已经开始缓慢地流动，树芽也鼓了起来。地上和枝头，一朵朵鲜花已经绽放了。

候鸟返乡大搬家

鸟儿一群又一群地从越冬地返回故乡了。回家的时候，它们是严格遵守纪律规定的，一队队地飞，每一队都有自己的顺序。

今年，鸟儿又一次飞回我们这儿。它们的航空路线还是和以往一样，遵守的规矩也是几千年、几万年、几十万年前的那一套。

第一批上路的，是那些去年秋天最后离开我们这儿的。最后动身的，是最先离开这儿的。晚一些飞来的，是那些最漂亮、色彩最华丽的鸟，它们在等待着春暖花开。在光秃秃的地面和树干上，它们会很容易地暴露自己。现在，它们在我们这儿没法躲避敌人——猛兽或者大鸟。

正好，经过其他城市和我们列宁格勒，就有一条鸟类海上长途飞行路线。我们叫它"波罗的海航空线"。它的一头连着阴沉沉的北冰洋，另一头是那些鲜花盛开、天气炎热的国家。数不清的海鸟，一队队，一行行，没完没了地在空中盘旋，按照固定的制度和规律，动身上路。它们沿着非洲海岸飞行，穿过地中海，经过伊比利亚半岛和比斯开湾海岸，最后又路过了北海和波罗的海。

在回家的途中，数不清的阻碍和灾祸与它们**不期而遇**。有时候，突然出现的浓雾会像厚厚的城墙一样，遮住它们的双眼。它们迷路了，周围又潮又湿。鸟儿们着急起来，乱冲乱撞，一不小心就会撞到那些隐身的尖锐岩石上，撞得血肉模糊。

海上的暴风雨折断了它们的羽毛，撕碎了它们的翅膀，把它们远远地卷走，卷到那些**无处落脚**的地方。

一场意外的严寒，就能够凝水成冰。许多鸟儿经受不住饥饿和严寒的折磨，在痛苦中死去。还有许许多多鸟儿，成为雕、鹰和鹞这些**凶神恶煞**般的猛禽的猎物。

大多数猛禽都会选择在这个时候聚集在"海上航空线"上。这儿的野餐多丰盛啊，不用费事就能大大享用一番。

还有上百万的候鸟会死在猎人的枪下。

可是，谁也挡不住候鸟们回家的步伐。它们穿过浓雾，冲破层层阻碍，不顾一切地飞回自己的老巢。

戴脚环的鸟

如果你逮住一只戴脚环的鸟，那么请记下脚环上提供的字母和号码，把鸟放生。然后写一封信，寄到中央鸟类脚环局，并报告自己所处的位置，地址是：邮编117313，莫斯科，B-313，列宁大街86号，住所310。

如果你认识的朋友或者捕鸟人打死或者抓住了这样的鸟，那么请你告诉他应该怎么做！

人们在鸟爪上套上了一种很轻的金属环。环上的字母能够告诉我们，是哪个国家、哪个科学机构给这只鸟套上环的。字母后面的数字呢——在科学家的日记里有同样的一组数，说明

是在什么时候、什么地方给这只鸟套上脚环的。

科学家就是利用这种方式了解鸟儿们神秘的生活规律的。

如果在我们这儿——遥远的北方，人们给鸟戴上脚环。而在非洲或者印度，它被另外一个人捉到，那个人就会把脚环取下并寄回来。

不过，你不要以为所有的鸟儿都要飞到南方过冬，其实还有很多鸟儿要飞到西方去，或者飞到东方，有的甚至飞到北方去过冬！这些都是候鸟的秘密，我们就是用给它们戴脚环的方式探听到这些的！

编辑部的说明

森林里出了头稀有小兽，这可真是个奇闻呢！它长的是什么样子？它的爸爸妈妈是谁？我们快去一探究竟吧。

普通的鸟和野兽有时会生下浑身都是白色的宝宝。

科学家把这种情况叫作黑色素缺乏症。

这种病症有两种情况：一种是全白的，一种不是全白的——有一部分被白色覆盖。

在家畜和家禽里面，这种黑色素缺乏症很**普遍**，像白家兔、白公鸡、白母鸡、白老鼠等等。

在野生动物里，这种病症很少发生。

生这种病的动物，一般活下来会很难很难。因为，在它们还很小的时候，它们就会被亲生父母弄死。好不容易活下来，还要一辈子被同类嫌弃，甚至是迫害。就算是它们的亲人很**善良**，接受了它们，让它们和群体一起生活，像小雅尔切克村的那只寒鸦一样，它们也活不长。因为所有动物只要一眼就能看

到它，特别是它们的天敌——猛禽。

稀有的小兽

森林里，一只啄木鸟大声地叫起来，叫声是那么**凄惨**。我们立刻明白了：啄木鸟出事了！

我们穿过丛林，来到一块空地上。在一棵枯树上，我们发现了一只啄木鸟精致的巢——一个整齐的小洞。一只稀有的小兽正沿着树干向鸟巢爬去。这只小野兽长着灰色的毛发，有着短短的光滑的尾巴，耳朵像小熊猫的耳朵一样又小又圆，一双眼睛又大又凸。

小兽爬到洞口，往洞里看了看。看来，是偷鸟蛋来了。这时候，啄木鸟着急了，它一个劲儿地向它扑打着。小兽**躲躲闪闪**，绕着树干转圈圈，啄木鸟也跟着它绕圈。

小兽越爬越高，前面没路了，已经爬到树顶了！它一犹豫，啄木鸟噗地啄了它一口！小兽突然从树上跳了出去，在空中滑翔着飞着逃走了……

它张开爪子在空中飘着，就像是秋天的树叶一样。身子轻轻地**左摇右摆**，小尾巴来回地晃动，控制着方向。就这样，它飞过了那片空地，落到了一根树枝上。

这时我才想起来，这是一只鼯鼠呀！是会飞的小兽！

它的两肋生有皮垫。它伸开爪子，张开皮垫，就能飞起来。它是我们的森林伞兵！只可惜，这种小兽现在已经越来越少了！

森林通讯员　尼·斯拉德科夫

飞鸟传来的紧急信件

　　飞鸟传来了紧急邮件，原来森林里出了紧急事件，发大水了，小动物们都忙着用尽各种方法保护自己，让我们一起看看它们都是如何避难的。

（来自我们的专业记者）

发大水了

　　春天给森林里的居民带来了很多灾祸。积雪迅速融化，河水上涨，淹没了小河两岸。一些地方已经是**洪水滔天**了。

　　各处都有动物受灾的新闻报道。在这些灾民中，最倒霉的是那些生活在地面或者地下的小动物——兔子、鼹鼠、野鼠、田鼠。顷刻间，洪水就冲毁了它们的住宅，它们变得**无家可归**，只能四处流浪。

　　每一只小动物都在设法挽救自己。小鼩鼠从洞里逃出来，爬上了灌木丛，湿漉漉地坐在那儿，等着水退去。它看上去是那么可怜，因为它饿得发慌呀！

当大水来时，鼹鼠还在家里，它急急忙忙地从地下爬出来，跳进水中，去寻找干燥的地方。

鼹鼠是个出色的游泳专家。它游了好几十米，最先爬到了岸上。它已经很庆幸了，没有一只猛禽发现它。要知道，它那**油黑发亮**的毛皮，可是太吸引这些家伙的注意了。

上岸后，见到了土地，它放下心来。它**轻车熟路**地挖了个洞钻了进去。

树上的兔子

兔子这边发生了什么事？

这只兔子住在河中心的一个小岛上。白天的时候，它在灌木丛里躲着，夜里才出来觅食。小杨树的树皮又鲜又嫩，吃起来美味极了。而且，这时候出来也比较安全，狐狸和人是不会发现它的。

这只兔子太幼小了，还不太聪明呢。

它根本没有注意到，河水已经把冰块都冲到小岛上来了。

这天，小兔子还在灌木丛里安静地睡着大觉，太阳暖烘烘的，它根本就没发现大水马上就要来了。直到它感觉自己身上的毛都湿了，它才醒来。

它跳了起来：天哪，周围全是水。

大水已经漫上来了，淹没了它的爪子。小兔子赶忙向小岛中间跑去，那里还是干的。

但是，河里的水上涨很快。小岛变得越来越小。兔子从这头窜到另一头。它看到，整个小岛都快在水下了。可是，它又不能跳到寒冷的、**波涛汹涌**的水里面。这么宽的河，它无论如何也游不过去呀！

就这样，整整一天一夜过去了。

第二天早上，小岛的大部分已经浸在水中了。只有一小块地方还是干的，那里长了一棵大树，树干很粗，而且有很多树杈，这只吓坏了的小兔子，只好绕着树干乱跑。

第三天，水已经漫到了树根前。小兔子开始拼命地向上跳，但每次都扑通一声掉到水里。

最后，它终于成功地跳到最下面的一根树杈上。小兔子**战战兢兢**地待在那里，等着大水退去。万幸的是，河里的水已经不再涨了。

它并不担心自己会饿死，老树的树皮虽然又硬又苦，但还可以用来充饥。

最可怕的是风。它那么用力地摇晃着树，差点儿将小兔子从树枝上摇下来。小兔子就像一个爬到了桅杆上的水手一样，随着树枝一起剧烈地摆动。河水又凉又急，**撕扯**着大树，木头、麦秸、动物的尸体，就这样从小兔子脚下经过。小兔子已经吓呆了，因为它看见了自己的亲戚——一只死去的小兔子仰着身子，顺着水流漂了过来，它的一只僵直的脚上还缠着枯枝。

小兔子在树上整整待了三天。后来，大水退去了，它才跳下来。

但它只能继续待在河中间的小岛上，等待着**炎热**的夏天到来。因为夏天河水会变浅，它就可以跑到河对岸去了。

船里的松鼠

一个渔夫在水面上布下了渔网，他慢慢地划着一只小船，

沿着一片片伸出水面的灌木丛边划过。

突然，一只奇形怪状的"蘑菇"吸引了他的注意力。那只"蘑菇"是棕红色的，它竟然会跳。这不，它一下就跳到小船里来了。

原来是一只浑身湿淋淋的松鼠呀！

渔夫载着它来到岸边，松鼠立刻从小船里跳出去，高高兴兴地跳进森林里去了。

它是怎么来到水中的灌木上的，又在那里待了多久呢？谁也不知道！

连鸟类都在吃苦

对长翅膀的鸟类来说，洪水当然不是什么可怕的事情。可是实际上，它们也深受其害。

淡黄色的鸥鸟在一条大运河的河岸边做了一个巢，它已经在里面下了蛋。

发大水的时候，它的巢被冲坏了，蛋也被水卷走了，现在它不得不重新做巢生蛋了！

沙锥在树上坐立不安，它着急地等啊，等啊……它在等着大水退去！

沙锥是一种鹬鸟，它长着长长的嘴巴。平常的时候，它会把嘴巴插到软软的稀泥里边寻找食物。它的双脚在地上站惯了，现在在树枝上这么蹲着，简直就是折磨。就好比狗站在篱笆上一样，真别扭哇！可是，它也不能离开，离开了这片沼泽去哪儿生存呢？

别的沼泽都被另外的沙锥占领了，它们是不会让它过去住的。

意外的猎物

有一次，我们的森林通讯员——猎人，发现了一群野鸭，这些鸭子生活在湖里的灌木丛后边。他穿着长筒胶靴，悄悄地走近它们——湖水已经没到了他的膝盖。

突然，在一丛灌木旁，他发现了一个**灰不溜秋**的家伙，那家伙挺着光溜溜的脊背在浅水里来回折腾。他没有多想，对着它连开了两枪。

灌木丛后边的水翻腾起来，过了好一会儿，才渐渐平息。猎人走近一看，原来是一条梭鱼，足有一米半长。

现在这个时候，梭鱼从河里、湖里来到岸边——这里的水很温暖，它就在这里产卵。小梭鱼孵出来以后，就随着逐渐退去的湖水一起回到湖里或河里去。

最后的冰块

在小河上曾有一条冰路，农场职工们经常驾着雪橇在这条路上行驶。后来，春天来了，河里的冰裂开了，冰路也浮了起来，沿着水流向下漂去。

这块冰上遍布着马粪、车辙、马蹄印，甚至还有一根钉马掌用的钉子。

最初，冰块在河水里**慢悠悠**地漂着。从岸上飞来了一群白色的小鹡鸰，它们落到冰块上，捉上面的苍蝇。

后来，河水漫过了河岸，冰块被冲到了草地上。鱼儿在被淹没的草地上**嬉戏**着，绕着冰块游来游去。

有一次，冰块附近钻出一只黑色的鼹鼠，它费力地爬上了

冰块。大水淹没草场的时候，它正在地底下，差点儿没憋死。这时，冰块的边缘被一座小山丘挡了一下，鼹鼠趁这机会赶忙跳上了小山丘，迅速地挖了一个洞，钻了进去。

河水推着冰块继续前行，最后漂到了一片树林里，被一个树墩阻住了。冰块上立刻聚集了一大群水灾受害者——老鼠、小兔子。大家一样倒霉，都面临着死亡的**威胁**。所有的小动物都是又惊又怕，紧紧地挤在一起。

可是，水很快就退下去了。太阳烘烤着大地，那块冰也越来越小，最后完全消失了。只留下那根钉子，还平静地躺在木墩上。小动物们依次跳到地上，四散跑开了。

水上运输

小河里**满登登**地漂着圆木，人们开始用水运的方式运送木材了。在小河注入较大河流的入口，伐木工人筑了一座堤坝。在堤坝后面，木材被编成一大片筏子。

在我们去的偏僻森林里，流淌着几百条小河，其中大部分注入穆斯塔河。

穆斯塔河注入伊尔明湖。

从伊尔明湖出来的水流过宽阔的沃尔霍夫河，再经过拉多加湖注入涅瓦河。

冬天，在我们区的密林深处，伐木工人把树木放倒，做成木材，推到小河里。于是，这些死掉了的木头顺水漂流而下。这些死木头里可能会住着某只木蛾，于是，它也随着木头去城市旅行了。

伐木工人称得上**见多识广**。

有一次，一个伐木工人给我们讲了这样一个故事。

在林中小河边的一个小树墩上，有只松鼠用两只爪子捧着一个大松果，正在那儿津津有味地吃着。

突然从森林里跑出一条大狗，汪汪地狂叫着向松鼠扑了过去。松鼠本来可以爬到树上躲避敌人的，可是这周围一棵树都没有。

松鼠急忙丢掉松果，翘着蓬蓬松松的大尾巴，跳跃着向河边蹿去。大狗紧紧地追着它。

这时，河里到处都漂着密密麻麻的圆木。松鼠跳到最近的一根圆木上，接着跳到了另外一根上，然后又跳到了第三根上。

大狗傻乎乎地跟了上去，可是，狗的腿又细又直，怎么能在圆木上跳跃呢？圆木在水面上打着滚儿，狗的后腿一滑，跟着前腿也一滑，它就掉到了水里。这时，又漂来一大堆圆木。眨眼的工夫，狗就消失了。

那只机灵轻巧的小松鼠呢？它从一根圆木跳到另一根圆木上，又从另一根跳到了另外一根，最后，跳到了对岸上。

另外，工人还曾看见过一只野兽，有两只猫那么大，全身棕红色。它蹲在一根木头上，嘴里还叼着一条大鳝鱼。

野兽在圆木上舒舒服服地嚼着自己的美味，吃完之后，捋了捋胡子，滑到水里去了。

这是只水獭。

鱼儿在冬天干什么

冬天，天寒地冻，许多鱼儿都在睡觉。

秋天的时候，鲫鱼和冬穴鱼就已经钻到河底去了。草鱼和小鲤鱼在水底的沙坑里过冬。鲟鱼秋天就**聚集**到较深的河的底部去过冬——那里冬天也冻不透。

有些鱼几乎一冬都不睡觉，它们都在做什么呢？你们可以在这一期的《森林报》中读到。

所有上面列举的鱼，现在都醒了过来，开始急急忙忙地产卵去了。

钓钩永不落空

我们有个古老的好笑的传统，猎人出发去打猎的时候，大家总是说："鸟毛你都打不着!"但是，当渔夫出发去钓鱼的时候，人们却反着说："祝你钓钩永不落空!"

我们读者当中有不少是钓鱼爱好者。我们不仅要预祝他们钓鱼的时候钓钩**永不落空**，而且还要给他们一些建议和帮助，告诉他们，什么鱼，什么时候，在哪里比较容易上钩。

河水解冻之后，就可以把食饵垂到河底，用它们来钓山鲶鱼了。等到池塘里和湖里的冰消失后，连铜色鲑鱼都可以钓到了。这种鱼喜欢藏在岸边附近，经常会在上一年残留的草丛里躲着。再晚一些时候，就可以捕捉小鲤鱼了。

随着水越来越清，就可以用渔网捞大鱼，用钓钩钓小鱼了。

我们著名的捕鱼专家库尼洛夫说过这样的话："钓鱼的人应该研究鱼的生活特点，在不同的时间、不同的天气下仔细观察分析。这样，他就会有的放矢，正确地选择钓鱼地点了。"

随着外面的水逐渐退去，河岸逐渐露出来，水也慢慢地变得**清澈**起来，这时就可以钓梭鱼、鲫鱼、鲤鱼、鳜鱼。可以在以下这些地方下钓钩：河流交汇处和河汊子附近、浅滩和石滩旁，特别是在岸边那些被淹没的树或者灌木丛附近，在水流平静的河流狭窄的地段，在跨河的桥下、小船或木筏上……不论河水深浅，都可以下钩。

库尼洛夫还说过："那种带鱼漂的钓竿，适合钓各种各样的鱼，从早春到春天结束，无论在什么地方钓鱼，都用得上。"

从5月中旬起，就可以在池塘或者湖里用蚯蚓钓冬穴鱼了。再过几天，还可以钓到斜齿鳊、鳜鱼和鲫鱼。钓鱼最好的地方是岸边的草丛旁、灌木旁和1.5米到3米深的浅水滩。不要总在一个地方下钩，如果鱼没上钩，就转移到另一丛灌木旁，或者芦苇丛、牛蒡丛中去。如果你喜欢在小船上钓鱼，那就更方便了。

在风平浪静的小河里，等到水一变清，就可以在岸边下钩了。在静水中，最适合钓鱼的地方是陡峭一点儿的岸边、河中心有树丛的小坑里以及岸边长出杂草和芦苇的地方。

有时候，这种小河湾和树丛旁很难靠近，河岸泥泞不堪，或者周围水流湍急。可是，如果能够踩着草墩或者穿着长靴走到这种岸边去，在牛蒡丛或芦苇丛中抛下鱼饵，就可以钓到不少鳜鱼和斜齿鳊了。

要沿着岸走，仔细地寻找合适的地方。拨开灌木丛，把钓竿放到树杈中间，把鱼饵和钓钩甩到没有人钓过的地方。

在桥墩旁、小河口和有水磨坊的堤岸上，都会聚集成群的钓鱼者。这些地方通常可以让你满载而归。

钓大鲤鱼的鱼饵是豌豆、蚯蚓和蚱蜢，把它们挂在普通的钓钩上，从岸上钓就可以。有时候也可以用特殊一点儿的钓竿。

从 5 月中旬到 9 月中旬，都可以用不带鱼漂的钓竿钓鱼。

用这种工具钓淡水鳜，可以选择以下地点：大坑、河水转弯处的急流旁、林中小河比较安静的水域、岸边有许多灌木的水域、**堤坝**下和浅滩下。

对于有的鲑鱼和鳜鱼，只能在浅滩和暗礁附近下钩。

有几种小鲤鱼和一些个头儿中等的鱼类，要在离岸不远的激流中下钩，或者是在河底有许多石头的水路中下钩。

林中大战

森林里，异族之间的战争一直持续着。我们派出了几名特派记者去前线采访。

最初，我们的记者到了一百多岁的老云杉家里，它长着灰白胡子，身材高大。在这里，每棵老云杉的个头儿都很大，有两根连在一起的电线杆那么高，有的甚至相当于三根电线杆那么高。

这个黑暗的国度永远都那么阴森恐怖。老战士们挺直了腰板冷冷地站在那儿，永远都是那么**闷闷不乐**。它们的树干从下到上都是光秃秃的，只是偶尔有些枯枝会偷偷地翘出来，**弯弯曲曲**的，看上去那么苍凉。

这些大家伙伸出毛茸茸的爪子，互相缠绕着，形成一座大屏障，遮住了它们的整个国家。阳光射不透厚厚的屏障，下面黑黝黝的，很闷。在这里你能闻到树脂的味道，还有一些潮湿、腐烂的气味。偶尔会有些绿色的小植物长出来，但很快就枯萎了；只有灰藓和地衣对这个忧郁的国度感到满意。它们的食物是它们主人的血——树浆，它们贪婪地聚集在在战斗中死去的老云杉的尸体上。

这里没有野兽的痕迹，也不会传出小鸟的歌声。我们的特派员同志，还是在很久之后，才遇到了一只孤单的猫头鹰。它为了躲避明亮的阳光才藏到了这里，它可能是被吵醒了，还生着气呢。你看，它战抖着浑身的毛和胡子，那张钩子一样的嘴巴一张一合，仿佛在恐吓着突然造访的陌生人。

在无风的日子里——云杉国里**悄无声息**。可是，每当微风扫过，这些又高又直的家伙立刻就会**怒不可遏**，摇着长满针叶的树梢，发出嘘嘘的声音。

在老树林里，云杉种族的亲戚最多，个子也最高，力气也最大。

从云杉国出来后，我们的森林记者来到了白桦林和白杨树的国家。在这里，白色的白桦树、银色的白杨树都长着绿色的鬓角。它们用窸窸窣窣的声音，温柔可亲地欢迎着客人。数不清的鸟儿在叶子中间唱着歌。阳光穿过树顶的绿叶照耀下来，空气显得五彩斑斓，空中不时划过一道日影，金色的小蛇、圆圈、月牙儿、小星星——在光滑的树干上玩耍。地上生活着的是矮小的草族，看得出来，它们在主人绿色屏障的遮掩下，把这儿当家了。老鼠、刺猬和兔子在我们记者的脚下跳来跳去。当风从上面刮过的时候，这个国家一片喧哗。可是，在没有风的时候，这里也不是完全寂静的，无论是白天还是晚上，白杨树叶都颤抖着，发出沙沙的声音，仿佛在**窃窃私语**。

一条河迂回着绕着这个国家。河对面是一个大伐木场。冬天的时候，人们在那儿砍木头。大伐木场后面又是一片大云

杉，像墙一样竖在那里。

我们编辑部早就知道，当雪从森林里退去的时候，伐木场就不是伐木场了，就会变成一个战场。

林木部落的聚居地越来越**拥挤**。刚刚有一片新土地空出来，部落里的"人民"马上就开始"入住"，把它变成自己的地盘。我们的森林记者过了河，在伐木场上搭了个帐篷住下来，作为这场战争的见证人。

有一天早晨，阳光明媚地照着大地。突然，从远处传来了好像手枪对射的声音。我们的森林记者急急忙忙地跑向那里。

原来，云杉种族已经开始发动进攻了，它们派出了自己的空军去抢占刚刚空出来的土地。

太阳**烘烤**着云杉的大球果，发出噼噼啪啪的声音，球果一个接一个地裂开了。每次裂开的时候，都会"砰"的一声，就像小孩子在用玩具枪开枪似的。

球果厚厚的鳞片越鼓越大，一下子爆开了，飞出了许许多多种子。球果就像一个秘密军事基地，基地大门一开，种子像一群小滑翔机一样冲到了空中。风托住了它们，一会儿吹得高高的，一会儿又放得低低的，带着它们在空中飘着。

每棵云杉树上都有许许多多球果，每颗球果里面都**隐藏**着一百多架小滑翔机——种子。无数的种子在空中飞舞，最后降落到伐木场地上，在薄薄的冰碴儿上面滑动着。

可云杉种子还是比较沉的，而且只有一只翅膀。微风并不能把它们送到很远的地方去，它们飞不过伐木场的一半，就落了下来。几天后，一场狂风刮起，这些小滑翔机重新起飞，又降落，最终攻占了整片空地。

但是，接下来的几天，寒冷的早晨**袭击**了它们，差点儿没把这些娇嫩的种子冻死。直到一场春雨过后，大地变松软了，才接受了这些小小的移民。

当云杉部落占领伐木场的时候，河对面的白杨树刚开始开花。它们毛茸茸的种子刚刚开始成熟。

过了一个月，夏天快到了。

在云杉**阴郁**的国度里，正在庆祝愉快的节日。在有些树枝上点起了红蜡烛——年轻的球果，另一些——稍晚一些的——是绿色的球果。云杉换装了，墨绿色的针叶形树叶上缀满了金黄色的花絮。云杉开花了，它们在偷偷地准备着明年需要的种子。

而那些埋在伐木场地下的种子，已经泡在温暖的春泥里了。它们现在已不能称作种子了，应该叫它们小树芽，它们马上就要出世了。

我们的森林记者认为，新的土地最终将被云杉部落占领，另外一些森林部落已经错过了机会。

战争还将出现。

出版下一期《森林报》的时候，编辑部希望能收到记者们发来的详细、**新颖**的报道。

乡村日历

雪刚刚融化，拖拉机已经驶进田里去了。拖拉机不仅会耕地，还能耙地，如果你给它挂上钢爪子，那么，它连树根都能拔得出来。它就这样任劳任怨，把一片片荒地变成万亩良田。

在拖拉机的后面，一群蓝黑色的白嘴鸦一个跟一个地向前挪着，它们看上去是那么自由自在，食物这么丰富，可以慢慢地**享用**了。稍远一点儿的地方，落下来一群黑乌鸦和白喜鹊，它们在田间一蹦一跳地寻找着食物。那些从土里翻出的蛆虫、甲虫和它们的幼虫，都是黑乌鸦和白喜鹊的美味。

地耕好了，也耙过了，该做下一件事了。于是，人们开动拖拉机，带着播种机一起往田里撒下精选的种子。

人们正在播种春播作物，最先播种的是亚麻，然后是春小麦，最后是燕麦和大麦。

至于秋播作物——小麦和黑麦，现在已经长出几厘米了。这两种作物在去年秋天就播种了，在雪下面过了一冬，现在都长得很好。

每当黎明和黄昏来临的时候，在那片愉快的绿色中，就会发出一种吱吱的声音，仿佛有大车压过地面，又好像蟋蟀在大声鸣叫：

"切尔克，维克；切尔克，维克……"

这不是大车，也不是蟋蟀，这是一只美丽的"田公鸡"——雄灰山鹑在唱歌。

它的样子很漂亮，全身几乎都是灰色的，但眉毛是**鲜艳**的红色。它有两只黄色的爪子和橘黄色的脖子，在它灰色的羽毛中间夹杂着一些白色的花斑。

在这一片绿色的树丛中，它的妻子——雌灰山鹑——已经做好了巢，在等着它回家呢。

草场上刚长出来的小草，把地面装饰得**绿油油**的。黎明时分，一阵阵牛、马、羊的叫声吵醒了正在小木屋里睡觉的孩子们，主人们开始去草场上放牧家畜了。

有时候，牛和马的背上会出现一些奇怪的"骑士"，那是寒鸦和白嘴鸦。牛**慢悠悠**地走着，这些小"骑士"就在它们的背上啄着："嘟、嘟、嘟！"本来牛是可以甩甩尾巴，像赶苍蝇一样把它们赶走的，但它没有这样做。为什么呢？

原因很简单，小骑士们身体又不重，最主要的是，人家是在帮助牛和马呀。原来，寒鸦和白嘴鸦是在吃藏在牛和马毛里的牛皮蝇、马虻的幼虫，还有那些苍蝇卵——这些苍蝇趁牛和马身上的皮肤擦破受伤后，就把卵产在了里边。

又肥又壮的丸毛蜂嗡嗡地飞出来了；长着小细腰的黄蜂飞舞着，看上去亮晶晶的；小蜜蜂也该出生了吧。

人们把蜂房搬出来，放在养蜂场上。这些蜂房在**地窖**里放了整整一冬，现在该是用得着它们的时候了。长着金黄色翅膀的蜜蜂，从蜂房里爬出来，在阳光下晒了会儿太阳，等到暖和了，就伸伸翅膀，飞去采**甘甜**美味的花蜜了。这可是今年第一次采蜜啊！

植　树

我们区春天要栽种几十公顷的树木。在许多地方开发了面积十到五十公顷的新苗木场。

歌唱舞蹈月 （春季第三月）

> 欢乐的 5 月是尽情歌唱的 5 月，也是鸟语花香、生机勃勃的 5 月，太阳把越来越多的光与热送给大地上的生物，森林中的生物也因为感受到温暖的到来而雀跃不已。

5 月 21 日至 6 月 20 日　太阳走进双子宫

一年 12 个月中的欢乐诗篇——5 月

5 月——尽情地唱歌游玩吧！现在才是春天真正着手做它第三件事的时候：开始给森林着装。现在才是森林里开始欢乐的月份——歌舞月的时候！

太阳的光和热，是它对抗冬季的严寒和黑暗的**胜利**，彻底的胜利。晚霞伸手去把朝霞紧握——我们北方的白夜正在开始。赢得土地和水分以后，生命一个劲儿往上长。绿油油的新叶给高大的树木披上了**亮丽**的衣装。张着轻盈翅膀的无数昆虫向空中飞升；夜游神蚊母鸟和机灵的蝙蝠，在黄昏时分飞出来将它们捕食。白天家燕和雨燕在空中往返飞掠，雕与老鹰在耕过的田地和森林上空翱翔。红隼和云雀仿佛被线挂在云端似的，在田野上空轻轻扇动着双翼。

没有门扣的门打开了，从门里飞出了它的居民——长着金色翅膀的**辛勤**劳动者蜜蜂。大家都在歌唱、玩耍、舞蹈：黑琴鸡在地上，公鸭在水里，啄木鸟在树上，沙鸡——天仙般的小沙锥——在森林的上空。用诗人的话来说，如今"在我们俄罗斯，鸟类和形形色色的兽类心里都乐开了花。森林里的草穿过去年覆盖地面的落叶，绽放出蓝色的鲜花"。

我们的 5 月被称为哇哇叫的月份，这是为什么呢？

因为这是**乍暖还寒**的时节。白天**阳光和煦**，夜里却要冷得哇哇叫！ 5 月里，灌木丛下往往像天堂一样温暖，可有时你给牲口喂了草料，自己却还要到炉灶旁去取暖。

欢乐的 5 月

森林里欢乐的 5 月——歌舞月现在正好开始。

绿叶为森林披上新装，嫩草为大地盖上绿被。

森林里快乐的居民在陆地和空中翩翩起舞。

每一位都想展示自己的英武、力量和机敏。很少有歌声和舞姿，只有牙齿和喙嘴的撕咬，打得不亦乐乎。绒毛、皮毛和羽毛在空中飞扬。森林里的居民们都在匆匆忙忙，因为这是春季的最后一个月。

不久夏季将要来临，随之而来的是张罗筑巢和哺育幼雏的事儿。

在乡下，人们说道："在俄罗斯，春天永远是姑娘，日子过得真**欢畅**，有朝一日小杜鹃咕咕叫，夜莺日夜唱，到那时去森林里把好东西往怀里装。"

森林中的大事

春季是万物复苏的季节，有乐队表演，也有森林大作战，真是热闹啊！快去文中看一看那些热闹的场面吧。

森林乐队

在这个月，夜莺唱得正欢，**不分昼夜**婉转啼鸣。

孩子们奇怪了：它什么时候睡觉哇？春天鸟类没有时间多睡，鸟类的睡眠都很短暂：只来得及在两场歌会的间隙睡一会儿，半夜一小时，中午一小时。

在朝霞升起和晚霞映天的时候，不仅鸟类，所有林中居民都在各尽所能地歌唱、表演。这时你能听到的既有嘹亮的歌唱声，又有**悠扬**的提琴声；既有阵阵鼓点声，又有清脆的笛音；既有狗吠，又有咳声；既有狂嗥，又有尖叫；既有哀叹，又有嗡鸣；既有咕咕鸽叫，又有呱呱蛙鸣。

苍头燕雀、夜莺、能歌善唱的鸫鸟，都放开了响亮清脆的歌喉。甲虫和蝗斯唧唧叫个不停，啄木鸟敲响了自己的鼓点，

黄莺和小巧的白眉鸫鸟吹起了悠扬的长笛。

狐狸和柳雷鸟**哇哇大叫**，狍子叫起来像咳嗽，狼在嗥，雕鸮的叫声像哀叹，熊蜂和蜜蜂嗡嗡忙个不停，青蛙咕咕呱呱放开嗓子直喊。

没有歌喉的同样也不会**难堪**，每一位都按自己的口味选择相应的乐器。

啄木鸟找到了发声响亮的树干，这就是它的鼓。代替鼓槌的是坚硬而好使的长嘴。

天牛靠它坚硬的脖子**吱吱作响**——哪里比不上小提琴声的悦耳？

蟊斯用自己的爪子弹拨翅膀——爪子上有小钩，而翅膀上有倒钩。

棕红的大麻鳽把长嘴戳进水里，就开始吹气！水就扑通扑通响起来，声音在整个湖面回荡，犹如公牛在哞叫。

还有田鹬，它连尾巴都会唱歌：它张开尾巴，头朝上向高处飞去，又一头向下俯冲。风儿在它的尾部嗡嗡作响，声音像极了小羊在森林上空咩咩叫。

森林乐队就是这样的。

过　客

在大树和灌木丛下，距地面不高的地方，顶冰花的黄色小星星早就已经熠熠生辉了。

当春季灿烂的阳光能毫无阻挡地直达地面时，它们就冒出来了。顶冰花就是迎着这样的阳光开放的，而旁边同时盛开的还有紫堇花。

看到紫堇最先开放的花朵是多么令人欢欣的事！它浑身都是美的：造型别致的紫色花朵连着长茎，在茎的末端汇成一束，还有呈破碎状的灰蓝色叶子。

现在顶冰花和它的女友紫堇花的花季已经过去。树木的阴影已过于浓密，如果它们再不准备回家，生活就要受干扰了。它们的家在地下世界。它们在地面上只是过客。播下种子后它们就消失得**无影无踪**了。在地下深处，它们的蒜头状鳞茎和圆形块茎将安睡整整一夏、一秋和一冬。

如果你想把它们移栽到自家地里，那就趁现在它们迟开的花还没谢，把它们挖出来，挖的时候要**小心谨慎**。你看到这些小植物淡白的地下茎竟有那么长，一定会惊讶不已！

在土地严重冰冻的地方，我们这些来客的鳞茎和块茎钻得很深，在比较温暖、有防护的地方则离地面比较近。

尼·巴甫洛娃

田野的声音

我和一个同学到地里去锄草。我们轻轻地走着，听到草丛里迎面传来此起彼伏的歌声："卜齐卜落齐！卜齐卜落齐！卜齐卜落齐！"

我也这么回答它："我们就是去卜落齐。"可它还是自己唱着："卜齐卜落齐！卜齐卜落齐！"

我们从**洼地**旁走过。青蛙在那里从水下露出鼻子，一鼓一鼓地吹着耳朵后面的小泡，不停地叫着。一只叫道："杜拉！杜拉——拉！"另一只回应着它："萨马卡卡瓦！萨马卡卡瓦！"

我们走近田地时，翅膀圆圆的麦鸡前来欢迎我们。它们在

我们头顶上方扑棱着翅膀问道："齐依维？齐依维？"过后又问道："齐依维？齐依维？"我们回答说："克拉斯诺雅尔卡的。"

驻森林记者　库罗奇金（克拉斯诺雅尔卡村）

鱼的声音

人们把水下的声音录到唱片上，并输入了无线电设备。于是扩音器里立马传出了人们**闻所未闻**的声音，盖住了房间里的人声：低沉的叽叽声，吱吱的尖叫声，仿佛有人在呻吟和哼叫的声音，独特的呱呱声，突然响起来的**震耳欲聋**的啪啪声。这一切都是黑海里鱼类发出的各种声音。每一种鱼都有自己的声音，很容易将它们和水下王国其他生灵的声音区别开来。

现在由于发明了特殊的水声仪器——灵敏的水下"耳朵"，我们确知了水下王国远非悄然无语，鱼类也并非哑巴。这将有巨大的实际意义：借助水下声音接收器，可以得知珍贵的可捕捞鱼类的群集地和它们游弋的方向，这样就不必靠猜测**盲目**地出海，而是在获知它们确切位置的情况下进行捕捞。同样，人类还可以模仿它们的声音，学会将鱼类引诱过来的新方法。

在护罩下

花中最娇嫩的要数花粉了，一打湿就损坏了。雨水可以损害它，露珠也会损害它。那么它平时是怎么保护自己免遭伤害的呢？

铃兰、黑果越橘和越橘的花是一只只悬挂的小铃铛，所以它们的花粉永远在护罩之下。

睡莲的花是朝天开的，但是每一片花瓣都弯成羹匙的样子，而且所有花瓣的边缘彼此覆盖，于是形成了一个四面八方都封闭的胖胖的小球。雨滴打到花瓣上，内部的花粉却一滴雨水也溅不到。

凤仙花的每一朵花都藏在叶子下面。你看它有多狡猾：它的花茎越过了叶柄，使花朵在罩子下牢牢地占据自己的位置。

野蔷薇有许多雄蕊，在下雨时就把花瓣闭起来；在坏天气闭上花瓣的还有白睡莲的花。

而毛茛在雨天就把花**耷拉**下来。

尼·巴甫洛娃

林中的夜晚

一位驻林地记者给本报写信说："夜里我在林中**踱步**——倾听夜晚森林里的声音。我听到各式各样的声音，可这些声音是谁发出的，我却不知道。我怎么向《森林报》撰写有关这些声音的报道呢？"

我们回信说："你把听到的声音描述出来，我们会努力分辨的。"

于是他给编辑部写了这样一封信：

"说实话，我在夜晚的森林里听到的都是些**乱七八糟**的声音，根本不是如你们所描写的那种乐队演奏。

"所有的鸟叫开始慢慢停息下来，终于出现了万籁俱寂的状态。已经到午夜了。

"就在这时，在高空某处开始奏响了低沉的琴弦声。起先轻轻地，尔后响了一点儿，再响了一点儿——那么低沉浑厚——接着又轻下去，再轻下去，然后彻底静默了。

"我想：刚开始有这音乐就不错了。尽管是单弦独奏，毕

竟演奏已经开始。

"可是森林里突然传来了这样的声音：'哈——哈——哈！霍——霍——霍！'那声音是那么令人**毛骨悚然**，我背上的鸡皮疙瘩都起来了。

"我想：这就是对乐师的奖赏，先对它嘲笑一番！

"又是**万籁俱寂**，长久的静寂。我甚至认为再也听不到什么声音了。

"后来我听到有人在转动留声机。那机器摇着，摇着再摇着，可音乐声却没有。是他们的留声机坏了还是怎么的？我暗自**思忖**着。

"那声音也停止了。一片静寂。接着又摇了起来：'咕噜——咕噜——咕噜——咕噜……'无休无止，听得人心都烦了。

"终于摇好了。现在，我想，要把唱片搁上头，马上就放音乐了。

"突然，有人拍起了手掌，是那么响亮、热烈。

"怎么会这样呢？我想，还没有人表演，就已经鼓起掌来了？

"没戏了。接着又是长久地摇转留声机手柄的声音，什么演奏也没有，掌声却不停。我十分生气，就回家了。"

我们应当说我们的记者不该生气。

他听到仿佛是低音弦在振动时的声音，是一只甲虫——可能是只五月金龟子——飞经他的头顶上方。

那种令人毛骨悚然的哈哈大笑声，是一种被称为林鸮的猫头鹰的叫声。

它生就了这么一副叫人讨厌的嗓子，有什么办法呢。

像转动留声机那样咕噜——咕噜——咕噜——咕噜响的是蚊母鸟在叫——它也是一种夜晚出没的鸟，但不**凶猛**。蚊母鸟身边当然什么唱机也没有：它的喉咙发出的就是这个声音，它以为自己这样就是在唱歌。

鼓掌声也是蚊母鸟发出的。当然它没有鼓掌，而是在空中扑棱两个翅膀。那声音非常像掌声。

至于它为什么要这样做，编辑部也解释不了，蚊母鸟自己也不知道。

也许它就是因为高兴吧。

游戏和舞蹈

鹤在沼泽地举办舞会。

它们汇成一圈，于是有一只或两只鹤出队来到中央开始跳舞。

起先倒不怎么样，它们只是轻轻跳动着两条长腿。接着动作加大了：开始大步跳舞，而且跳出的舞步简直令人**捧腹大笑**！又是打转又是跳跃又是蹲跳——活脱脱像踩着高跷在跳特列帕克舞！而围成一圈站着的那些鹤，则从容不迫地扇动翅膀打着拍子。

猛禽的游戏和舞会在空中举行。

尤其别致的是鹰隼的舞蹈。它们直上云霄，在那里**炫耀**奇迹般的技巧本领。它们有时一下子夸拉下翅膀，从令人目眩的高度像石块儿一样向下坠落，直到贴近地面时才张开两翼，盘旋一个大圈儿，重新飞向云天。它们有时在离地面很高很

高的地方停住不动——张开双翅悬着，仿佛有根线把它们挂在云端。它们有时**猛然**在空中翻起跟头，犹如名副其实的天堂丑角，向地面倒栽下来，做出一个个倒栽跟头的动作，猎猎地鼓翅翱翔。

最后飞临的一批鸟

春天已近尾声。在南方过冬的最后一批鸟儿飞临我们的圣彼得堡。

不出我们所料，这是一些装束最为**绚丽多彩**的鸟儿。

如今草地上盖满了鲜花，灌木和大树也覆盖着新生枝叶的浓荫，它们很容易躲避凶猛的飞禽。

在彼得宫的一条小溪上，出现了一只身披蓝中带翠绿又间咖啡色外衣的翠鸟。它来自埃及。

长着黑翅膀的金色黄莺，在树林里发出的叫声像**悠扬**的长笛声和难看的女人在说话。它们来自非洲南部。

在湿润的灌木丛里出现了蓝肚皮的蓝喉歌鸲，沼泽里出现了金黄色的鹡鸰。

飞来这里的还有肚皮颜色各不相同的红尾伯劳，毛色各异、翎毛蓬松的流苏鹬和绿中带蓝的蓝胸佛法僧。

长脚秧鸡徒步来到这里

有一种奇异的飞鸟——长脚秧鸡是从非洲徒步来到这里的。

长脚秧鸡飞行很艰难，而且飞不快。

它们很容易被鸢鹰或隼在飞行中捕获。

不过，长脚秧鸡奔跑非常迅速，而且很会在草丛里躲藏。

因此它宁肯徒步跨越整个欧洲，**不声不响**地走过草甸和树丛。只有当它前进的道路被海洋隔断的时候，它才用翅膀飞起来，而且在夜间飞行。

现在长脚秧鸡整天在我们这高高的草丛里叫唤："叽——叽！叽——叽！"

你可以听见它的叫声，至于能不能把它从草丛里赶出来，看清楚它的模样，你也不妨试一试。

谁该笑谁该哭

在林子里大家都在欢笑，白桦树却在哭泣。

在炽热的阳光下，它的汁水在它白色的躯干内越来越快地流动。汁水透过树皮的孔渗到了外面。

人们认为白桦树汁是一种有益和可口的饮料。他们切开树皮，用瓶子收集树汁。

树木如果释放了太多的液汁，就会**干涸**、死亡，因为它的液汁就和我们的血液一样。

松鼠享用肉食美餐

松鼠整个冬季光靠吃植物生活。它剥食坚果，享用在秋季储备的蘑菇。现在已到了它享用肉食美餐的时候。

许多鸟类已经**营造**了自己的窝并产下了蛋。有些甚至孵出了小鸟。

这事儿可正中松鼠下怀：它在树枝间和树洞里寻找鸟窝，从那里叼走小鸟和鸟蛋做自己的午餐。

这种漂亮的啮齿动物在毁灭鸟窝方面做得绝不比任何一种猛禽逊色。

我们的兰花

这些令人好奇的花朵在我们北方可是稀罕之物。当你见到它们的时候，你会情不自禁地回想起它们著名的亲属——在热带丛林里生长的迷人的兰花。在那里甚至在树上也能遇见兰花。而在我们这儿它只长在地里。

我们这儿有些兰花的根部样子很特别：像一只张开手指的胖胖的小手。它们的花有时很美丽，有时不怎么好看。但是像香子兰、舌唇兰、红门兰这些花朵的香味却十分了得！你会因它们的香味而陶醉。

不过我们这儿的兰花中最出色的一种，是我最近几天在罗普什首次见到的。这株我不认识的植物开着五朵美丽的大花。我把一朵花向上翻了翻，但马上厌恶地把手缩了回来。一只怪模怪样的暗红色苍蝇紧贴着花朵停在那儿。我用一个穗子拍打了它一下，它动也不动。我仔细观察了一番，发现那不是苍蝇。它有带蓝色斑点的毛茸茸的身体，还有毛茸茸的短翅膀和一对小胡子。反正这不是苍蝇。这是我当时还不认识的一种花——娥菲里斯蝇状兰的一个部分。

尼·巴甫洛娃

寻找浆果去吧

草莓成熟了。在阳光下能随时碰到完全成熟的鲜红草莓浆果——是那么甜，那么香！你吃上一颗，以后就会长久地想念它。

黑果越橘也成熟了。在沼泽地里云莓正在成熟。黑果越橘的灌木丛上有许多浆果，而草莓的浆果一棵茎上难得有超过五颗的。云莓最小气：它的茎顶只长一颗浆果，而且不是每株都结果，其余的**植株**开的是不结果的花。

尼·巴甫洛娃

阎虫——金龟子

我发现了一种甲虫，但不知它叫什么，也不知道用什么喂它。

它跟叫作瓢虫的那种甲虫完全一样。只不过瓢虫浑身红色，带有黑色小圆点，而这种甲虫却全身一片黑。它呈圆形，比豌豆稍大，长着六只小爪子，会飞：背上有两片黑色小硬翅，硬翅下有两片黄色的软翼。它翘起黑色硬翅，伸出黄色软翼，就起飞了。

有趣的是，当它发现什么危险时，它就把爪子藏到肚子底下，触须和脑袋也缩进身子里面藏起来。如果你把它抓住放在手心里，你**无论如何**不会说这是只甲虫。这时它极像一颗黑色小水果糖。

但是过了一会儿，当谁也不会再去触动它时，它就先伸出所有的小爪子，然后伸出脑袋，最后伸出**触须**。

我非常想请您回答我，这是什么甲虫？

柳霞·留托宁娜

编辑部的回音

你形象地**描述**了自己见到的甲虫，使我们立马认出了它。这是阎虫，属于盾蝽科的甲虫。它行动缓慢，就跟乌龟似的，而且也像乌龟一样把头脚藏到甲壳里面。它的甲壳里有很深的凹陷，可以藏进爪子、脑袋和触须。

有各种各样的阎虫，有黑色的，也有其他颜色的。它们吃的全是**腐败**的植物、粪便。

有一种黄阎虫，全身长着小茸毛，和蚂蚁住在一起，想去哪儿就飞到哪儿，然后又飞回蚂蚁窝。蚂蚁不去碰它，在保护蚁巢不受敌害时，也保护了寓居在这里的来客——阎虫。

摘自一位少年自然界研究者的日记

毛脚燕的巢

5月28日，在邻家农舍的屋脊下方，正对我窗口的地方，一对毛脚燕开始筑巢。这使我非常高兴，因为现在我将观察到燕子如何营造自己精美的圆形小屋，我将**从头至尾**观察到筑巢的全过程。它们什么时候趴在窝里孵卵，又如何给雏燕喂食，这一切我都将看个明白。

我注视着我的燕子从哪儿获取建筑材料：在村子中间的小河边。它们直接停到水边的岸上，用喙啄取一小块黏土，马上带着它飞回农舍。在这里它们彼此交替把一口口泥粘到屋脊下方的墙上，又匆匆回去含取新的小泥块。

5月29日，很遗憾，我无法独享见证新巢建筑的欢乐，因为邻居家的公猫费多谢依奇一早就爬上了屋顶。这是一只样子难看的灰猫，在和别的公猫打架时失去了右眼。

它一直在注视飞来的燕子，已经在窥视屋脊的下方，看燕巢是否已经筑好。

燕子发出了**惊恐不安**的叫声，只要公猫不离开屋顶，它们就不再往墙上贴泥。莫非它们要从这儿彻底飞走？

6月3日，这几天燕子已用泥糊筑成了巢下部的基础——

呈镰刀形的薄薄一圈。费多谢依奇老是爬上屋顶，使它们受到惊吓，影响工作的进程。今天下午燕子压根儿就没飞来过。看来它们已放弃这个建筑。它们将为自己寻找一处更为**安宁**的地方，那样的话我就什么也观察不成了。

6月19日，连续几天一直很热。屋脊下方黑色的镰刀形泥巢已经干燥，变成灰色。燕子一次也没有出现过。白天乌云布满天空，下起了大雨。真正的**倾盆大雨**！窗外仿佛蒙上了一层透明的雨柱织成的帘子。街上湍急的水流汇成了小溪。谁也别想蹚水过河：河水漫上了岸，发疯似的汩汩流着，在岸边被水浸酥的泥地上，脚踩下去稀泥几乎没到膝盖。

傍晚时雨刚停，就有一只燕子飞了回来，回到屋脊下方。它把身子紧贴在筑了一半的镰刀形巢上，停了一会儿，又飞走了。

我心想：也许并非费多谢依奇吓着了燕子，完全是因为这些天无处可取潮湿的黏土，也许它们还会飞来？

6月20日，燕子飞来了，飞来了！并且不是一对，而是整整一群——整整一个使团。它们聚集在屋顶上，**窥视**着屋脊的下方，激烈地鸣叫着，似乎在争论着什么。

它们讨论了大约十分钟，然后又一下子都飞走了，只留下来一只。它用两个爪子贴紧泥土堆成的镰刀，一动不动地停着，只用喙部在修正着什么，或许是在泥土上涂抹自己口中黏稠的唾液。

我确信这是只雌燕——这个燕巢的主妇。因为不久雄燕就飞了回来，把一小团泥从自己喙中塞到了雌燕的喙中。雌燕开

始继续糊巢，而雄燕便飞去啄取新泥了。

公猫费多谢依奇来了。然而燕子们并不怕它，也不鸣叫，而是一直工作到太阳下山。

那就是说燕巢仍然会在我的眼前落成！但愿费多谢依奇的爪子从**屋脊**上够不到这个燕巢。不过燕子也许知道该在什么地方营造自己的窝。

驻林地记者维丽卡

白腹鸫的巢

5月中旬的一天，晚上8点左右，我在我家花园里发现了一对白腹鸫，它们停在一棵白桦树边的板棚顶上，我在白桦树上挂了一个顶部开口、中心挖空的木制鸟巢。后来雄鸟飞走了，雌鸟却留了下来。它停到了鸟巢上，却没有飞进里面去。

过了两天我又看见了雄鸟。它钻进了鸟巢里面，后来停在了苹果树的一根枝丫上。

飞来了一只红尾鸲，它们便开始打架。这可以理解，因为无论红尾鸲还是白腹鸫，都是以树洞为巢的鸟类。红尾鸲想从白腹鸫身边夺走那个木窝，可白腹鸫**坚守不让**。

白腹鸫夫妇住进了木窝。雄鸟老是唱个不停，往木窝里钻。

白桦树梢上降落了一对苍头燕雀，但是白腹鸫对它们睬也不睬。这同样可以理解，因为苍头燕雀不是白腹鸫的**竞争对手**，它自己会做窝，不住树洞，而且它的食性很杂。

又过了两天。

早晨，一只麻雀飞到了白腹鸫的窝里。雄鸟追着它冲了进去。窝里开始了残酷的争斗。

突然什么声音也没有了。

我跑到白桦树边，拿一根木棒敲打树干。麻雀从窝里跳了出来。而雄白腹鹟却没有飞出来。雌鸟在窝边辗转飞翔，**惊惶**地叫着。

我担心雄鸟已经死亡，就往窝里瞧。

雄白腹鹟还活着，但羽毛严重破损；窝里有两个鸟蛋。

雄白腹鹟在窝里待了很长时间，等再飞出窝时它显得十分**虚弱**。它降落到了地面上，于是几只母鸡过来驱赶它。我担心它遭遇不测，就把它带回家，开始用苍蝇喂它。晚上我又把它放回窝里。

七天以后，我又往窝里瞧了瞧。一股腐败的气息冲着我冒出来。我看见了窝里趴着孵卵的雌鸟。它身边躺着雄鸟，身子歪向一侧，已经死了。

我不知麻雀是否再次入侵过，还是在第一次争斗后死神就**降临**了。

雌鸟没有飞出来，甚至在我把死去的雄鸟掏出窝的时候，它依然在孵卵。

伏洛佳·贝科夫

农事新闻

> 春季是万物复苏的季节，有乐队表演，也有森林大作战，真是热闹啊！快去文中看一看那些热闹的场面吧。

助人的逆风

"突击队员"农庄的亚麻地里传来了令人不安的消息。年轻的亚麻抱怨说地里出现了敌害——杂草，使它们活不下去。

农庄便派遣女庄员助亚麻**一臂之力**。她们无情地征讨有害的杂草，对待亚麻却十分小心。她们脱了鞋，光着脚丫子非常小心地走，而且总是**逆风而行**。亚麻在女庄员的脚下仍然会被踩得倒伏。但是逆风却把亚麻的茎秆吹直扶正，使它们挺了起来。于是亚麻站稳了脚跟，就跟什么事也没有发生过似的。而它们的敌人却被消灭了。

今天首次

今天一群小牛被放到了牧场。它们乐开了怀：翘起尾巴奔得可欢啦。

给绵羊脱衣服

"红星"农庄的剪羊毛车间里，10个**经验丰富**的剪毛工用电剪给绵羊剪毛。他们剪羊毛的样子仿佛在解包裹：把整片羊毛从羊身上剃下来。

它们中哪个是我妈妈

当牧羊人把脱掉了毛衣的羊妈妈放回小羊身边时，小羊不认识妈妈了。

"妈妈你在哪里，在哪里？"小羊可怜地咩咩叫道。牧羊人帮它们找到各自的妈妈，然后走到剪羊毛车间开始给另一拨儿绵羊剪毛。

畜群正在壮大

农庄的畜群一天天地壮大。今年春季出生了多少小马驹、小牛犊、小绵羊、小山羊、小猪崽儿！

光是今天夜里，"溪流"村小学生饲养组的山羊就增加了三倍。以前只有一头母羊，现在却变成了四头：羊妈妈库穆什卡，还有三只小山羊——库季亚、穆扎和什卡里克。

重大节日正在降临

重大的节日正降临在果园生活中。草莓地里已经开满鲜花，一丛丛樱桃树上**缀满**了雪白的花朵。昨天，梨树也吐出了花蕾。再过一两天，苹果树也要开花了。

在"新生活"农庄

昨天，来自南方的蔬菜西红柿在农庄落户，栽种在水池边新**开辟**的菜地中。以前它们在温室里生长。在与它们相邻的菜地落户的是黄瓜。

西红柿地里已经长出结实的小苗，正准备开花。黄瓜正处在婴儿阶段，还躺在白色的襁褓里，只长出了几条小腿。大地母亲掩盖着小宝宝，使它们避开小鸟贪婪的眼睛。黄瓜还来得及长出地面，赶上西红柿吗？

给六条腿的小动物助力

一说到与农业有关的昆虫，我们脑子里出现的，首先是无数细小然而对庄稼非常有害的各种害虫。这时我们却忘记了有如此众多的六条腿的小朋友在田间为我们工作。我们忘记了在植物授粉的过程中，它们起到了多么巨大的作用。会飞的六腿昆虫有许多种——蜜蜂、熊蜂、姬蜂、甲虫、苍蝇、蝴蝶，它们都把花粉从黑麦、荞麦、大麻、苜蓿、向日葵……的一朵花带到另一朵花。

为了满足我们所有庄稼都充分授粉的要求，这些小小劳工的力量往往是不够的。这时我们只好用自己的双手助它们一臂之力了。

人们用一根小绳索作拖刮器给黑麦、荞麦、大麻、苜蓿授粉。两个人各执绳子的一端，将正在开花的植物的茎稍稍压弯，沿着它们的梢头撸过去。这时花粉就从花朵上撒落下来，被风散布到整个田野。其中有的粘到绳子上，被带到别的花上。人们给向日葵授粉，用一小块兔皮将花粉收集起来，播撒到所有植株的花盘上。

城市新闻

> 都市里的动物在忙些什么呢？听说成群结队的鱼忙着要产卵了，鼹鼠忙着建窝，可斑胸田鸡却不忙，它在悠闲地散步。还有哪些有趣的事情呢？快快阅读文章吧。

圣彼得堡的驼鹿

5月31日清晨，人们在密切尼科夫医院旁边发现了一头驼鹿。在城市边缘地区出现驼鹿，这已经不是第一次：正如人们所推测的，驼鹿是从弗谢沃洛斯克区的森林来到圣彼得堡的。

用人的语言说话

一位公民来到《森林报》编辑部说："早晨我在公园里踱步。突然灌木丛里有人吹着口哨问我，而且声音是那么响亮、那么执着：'你见过特里什卡吗？'我一看：四周一个人也没有，只有一只鸟——全身一片红色，停在灌木上。我瞅了瞅它，心里想：这是只什么鸟？还能叫出人名来？再说它问的是什么样的一个特里什卡？可它还是叫着自己那句话：'你见过特里什卡吗?'我向它跨近了一步,因为想看个**究竟**。它嗖的一下钻进灌木丛不见了。"

这位公民见到的鸟叫朱雀。

它是从印度飞来的。它的叫声听起来确实像在提问题。不过在把它**翻译**成人的话语时,每个人就各按自己的理解:有人说是"你见过特里什卡吗",也有人说是"你见过杜格望什卡吗"。

客自海上来

最近胡瓜鱼从芬兰湾游入了涅瓦河,它们是到涅瓦河产卵的。渔民们累得筋疲力尽,因为他们的网里装进了那么多的鱼。

胡瓜鱼产完卵,又游回到大海。

客自大洋深处来

许许多多各种各样的鱼儿,从大海和大洋来到河里产卵。年轻的鱼群以后将从河流回到大海。

但是唯有一种鱼是出生在大洋深处,而从那里游入河流生活的。它出生在大西洋的马尾藻海。

这种样子怪得出奇的鱼,叫铜板鱼。

你们没听说过这个名称吧?

其实这并不难理解:只是当这种鱼还很小,生活在大洋里的时候才这么称呼它。

那时它**通体透明**,甚至能看清它的肠子,身体两侧扁扁的,薄得像一张纸。长大以后它就变得像蛇。

到这时人们才想起它的真名:鳗鱼。

铜板鱼在马尾藻海生活三年,到第四年它们变成了依然像玻璃一样透明的青年鳗鱼。

现在，像玻璃一样透明的鳗鱼密密麻麻、**成群结队**地涌进了涅瓦河。

从自己在大西洋神秘深处的故乡到这儿，它们的行程不少于 25000 千米。

尝试飞行

在走过公园、街道或街心花园时，你抬头望望，会担心脑袋被从树上掉落的乌鸦或椋鸟的幼雏砸到，还会担心有麻雀和寒鸦的小鸟从屋顶掉到头上。它们现在正好飞出鸟窝，还在学习飞行。

斑胸田鸡在城里高视阔步

最近，在夜间，郊区的居民常常听到**断断续续**的低声鸟叫："福奇——福奇——福奇。"叫声先从一条沟里传来，过会儿又从另一条沟里传来。这是斑胸田鸡——生活在沼泽地的母鸡正在穿过城市。它是长脚秧鸡的近亲，也和长脚秧鸡一样徒步跨越整个欧洲来到我们这儿。

采菌菇去吧

一场温暖的好雨下过之后，你可以到城外采菌菇去了：红菇、牛肝菌和白菇从地里钻了出来。这是夏季长出的首批蘑菇——抽穗菇。之所以这么叫，是因为在它们出现时越冬的黑麦已经开始抽穗。它们不久将要消失——在夏季结束以前。

当你发现花园里丁香花开始**凋谢**时，你应该知道春季结束了，夏季已经开始。

有生命的云

6月10日，许多人在圣彼得堡涅瓦河畔的滨河步行街上散步。**晴空无云**，天气闷热。屋子里和柏油马路上热得叫人透不过气来。孩子们使性子闹着脾气。

突然间，宽阔河流的对面出现了大块灰色的云团。

大家都停住了脚步，开始瞧这云团：云团在很低的地方快速移动，低垂在水面上方，眼看着一点点大起来。

这时它带着**簌簌沙沙**的声音，将散步的人群笼罩其中，此刻大家才弄明白，这不是云团，而是巨大的一群蜻蜓。

在一刹那间，周围的一切神奇地改变了模样。

由于无数翅膀的扇动，吹起了一股清凉的轻风。

孩子们也不再闹脾气了。他们惊讶地看着阳光透过色彩斑斓、云母般透明的蜻蜓翅膀，在空中闪烁出彩虹般的颜色。

所有散步的人的脸顿时变得绚丽多彩，每一张脸上都变幻着一道道微小的彩虹、太阳的一个个光影、星火般的一个个亮点。

有生命的云团带着沙沙声从滨河街上空疾飞而过，升向高处，消失在楼群后面。

这是新生的年轻蜻蜓，它们立刻就结成**齐心协力**的群体，飞去找寻新的居住地了。

至于它们在何处诞生，又在何处降落，谁也没有发现。

这样的蜻蜓群体在许多地方并不少见。假如你看见这样的蜻蜓群体，可要记住年轻的蜻蜓从何处飞来，又去往何处。

列宁格勒州新出现的野兽

在我们州叶菲莫夫区和邻近区域的森林里，最近几年猎人们常常碰见一种当地居民不认识的野兽，它的个头儿跟狐狸差不多。这是样子像浣熊的乌苏里狗，或者就称它为乌苏里浣熊。

它是怎么来到这里的？

很简单：火车运来的。

50只小兽运来了，被放进了我们的森林。经过了10年，它们在这里大量生殖繁衍，现在已可以对它们进行捕猎了。

乌苏里浣熊可以提供**珍贵**的皮毛。整个冬季都可对它们进行捕猎：它们在我们这儿不冬眠，不像在它们自己的故乡，那里的冬季太严酷了。

鼹 鼠

有些人以为鼹鼠是啮齿动物，它一面在地下爬行，一面像某些生活在地下的鼠类那样以植物的根为食。这可冤枉了鼹鼠，它根本不属于鼠类，而更像一头刺猬，只是穿了一身丝绒般柔软的皮大衣。它也是食虫兽，吃五月金龟子和其他有害昆虫的幼虫，这对我们非常有益。它不存在毁坏植物的罪行。

不过它在花园或菜园的地垄上抛撒一堆堆泥土，筑起所谓的鼹鼠窝，从而损坏花朵和蔬菜。假如有人不能原谅这样的事情，他可以**稳稳当当**地在土里插上一根高高的杆子，顶端安上一个小风车。

风一吹，小风车就转动起来，杆子就会颤动，土地就会做出反应——鼹鼠的洞穴里会发出响声，于是所有的鼹鼠便**溜之大吉**。

少年自然界研究者 尤里亚

蝙蝠的回声探测器

一个夏天的傍晚，一只蝙蝠飞入了**敞开**的窗户。

"赶它出去！赶它出去！"几个女孩子急忙将毛巾盖到头上，叫了起来。里头的老爷爷喃喃地说道："只要在窗户里给它透点儿光就行了，要不它会钻进你们的头发里去！"

直至最近，科学家还没有弄清楚蝙蝠怎么会在黑夜一片漆黑的情况下找到飞行的道路。

他们将它的眼睛蒙起来，将它的鼻子堵住，它依然能够在空中避开一根根极细的线——巧妙地避免落网。

直到科学家发明了回声探测仪，谜底方始解开。现在弄清楚了，原来所有蝙蝠在飞行的时候都从嘴里发出一种超声波——人的耳朵听不见的**尖厉**声音。这种声波从任何障碍物上反射回

来，于是蝙蝠敏锐的耳朵就接收到了信号："前方是墙壁！"或者"细线！"或者"蚊子！"只有细而**稠密**的女人头发对超声波的反射非常差。

秃顶的老爷爷当然不会受到任何威胁，可是女孩子蓬松的头发倒确实会使小兽误以为是窗户里的亮光，于是蝙蝠就可能冲进这样的一扇"窗户"。

给风力定级

在风力小的时候，风是我们的朋友。

夏天，在炎热的中午，如果没有一丝小风的话，我们会热得直喘气。完全无风的状态下，烟囱里的烟笔直上升，直指天空。如果风速小于每秒0.5米，我们会觉得完全无风，我们便将风力定为零级。

软风——风速每秒1米至1.5米，或者每分钟60米至90米，或者每小时3500米至5500米。这是步行的速度，烟囱的烟柱已经倾斜。我们脸上感觉得到清新的气流，不再直喘气。我们把软风定为一级。

轻风的速度是每秒2米至3米，也就是每分钟120米至180米，或者每小时7千米至11千米，大约相当于人跑步的速度。树叶**瑟瑟作响**。我们在自己的风力记录本里把轻风定为二级。

被称为微风的是风速为每秒4米至5米，即每小时14.5千米至18千米，约相当于马匹快步小跑的速度。它使细小的树枝**轻摇慢摆**，欢快地推动纸做的舰船前进。我们在风力记录本里把它定为三级。

气象学上称为和风的是这样的一种风，它能吹起路上的灰

尘，掀起大海的波浪，摇晃树上的粗枝。它的速度是每秒 6 米至 8 米。我们把它定为四级。

清劲风吹动的速度是每秒 9 米至 10 米，或者每小时 32 千米至 36 千米。这样的速度大约相当于乌鸦飞行的速度。它使树梢沙沙作响，使细小的树干摇晃，使浪尖泛起白色浪花。它能**驱散**蚊子和小蚊蚋。清劲风被定为五级。

强风已经开始为非作歹了。它猛烈地**摇撼**林中的树木，吹落挂在绳子上的衣服，刮落人们头上的帽子，将排球吹向旁边，妨碍球员比赛。它的速度相当于以每小时 39 千米至 43 千米的速度行驶的旅客列车。幸好气象学里有十二级的风力分级法，要是按我们学校的五级分级法，还不够给它定级呢。气象学家将它定为六级。

接下来，请在第八期《森林报》上看我们有关风的报道：我们这儿最厉害的风，通常发生在秋季。

狩 猎

圣彼得堡狩猎的季节已经结束了，北方的狩猎活动才开始，猎人们纷纷摩拳擦掌，拿出猎枪向北方森林进发。快让我们去看一看这一次他们有哪些收获吧。

我们的国家地域辽阔。当圣彼得堡近郊早已结束狩猎的时候，北方河流才刚开始进入**汛期**，猎事活动也正值旺季：许多热衷打猎的人这时正赶往北方。

驾舟进入汛期的茫茫水域

（本报特派记者的报道）

天空阴云密布，今夜如秋夜一样阴暗。

我和塞索伊·塞索伊奇驾着一叶小舟，沿着在陡峻的两岸之间的林中小河**顺流而下**。我拿着桨坐在船尾，他坐在船的前部。

塞索伊·塞索伊奇是位任何野兽、任何野禽都打的猎人。他不喜欢捕鱼，甚至看不起放钩垂钓的人。即使今天出门捕

鱼，他也不违背自己的原则：他出去正是为了猎鱼，而不是用鱼钩、渔网或别的渔具捕鱼。

眼看着高峻的河岸过完了，来到了汛期浩渺的水域。有一处地方，水里露出一丛丛灌木的树梢。往前是茫茫的大片树影。再往前是**黑压压**的林障。

这里长满灌木丛的河岸在夏季形成了一条狭长的堤坝，隔出一个与小河分离的小湖。湖里有一条小河汊与小河相通。不过现在不必寻找这条小河汊，因为到处是深得可怕的一片泽国。

船头的铁板上准备了干树枝和松脂。

塞索伊·塞索伊奇擦亮火柴点燃了它们。

水上漂浮的篝火红中带黄的火光，照亮了宁静的水面和小舟旁光秃的灌木丛**黑黢黢**的枝条。

但是我们顾不上观看两岸景色：我们正专心致志地注视着下面，湖水的深处。我勉强划动着船桨，不将它露出水面。小船静悄悄地向前行进。

浮现在我眼前的是一个奇幻的世界。

我们已经置身湖中。水底下是深深地植根于地下的庞然大物，它们彼此交错纠结的长长毛发在无声地颤动。这是水藻还是水草？

眼前是一个黑暗的陷坑，深不见底。也许这儿未必会那么深：篝火的光亮透进水里的深度不会超过两米。然而望着这漆黑的**无底深渊**，我直感觉心里发毛：谁知道那里隐藏着什么呢？

这时从水下的黑暗里升起一个明晃晃的小球，起先是慢慢地上升，接着越升越快，不断变大。

眼看着它急速地向我眼前飞来，立刻就要跳出水面，撞上我的脑门……

我**不由自主**地把头避向一边。

小球变成了红色，浮出水面，破裂了。

原来是个沼气的普通气泡。

我仿佛乘坐着一艘太空飞船，在不知名的行星上空飞行。

身下漂过长满挺拔的密密丛林的岛屿。是芦苇吗？

一头黑色的怪物，**颤颤巍巍**地把歪歪扭扭的触手向我伸来。怪物像章鱼，像鱿鱼，不过它的触手更多，样子更丑陋，更可怕。这是什么呢？

原来就是一个根杈露出地面的树墩。这是一棵盘根错节的白柳的基部。

塞索伊·塞索伊奇的动作使我抬起了眼睛。

他站在船上，左手举着鱼叉：塞索伊·塞索伊奇是个左撇子。他双眼盯着水里，**目光炯炯**；他的样子看起来像个军人。这个小个儿大胡子战士，似乎想用长矛叫拜倒在他脚下的敌人惊诧不已。

鱼叉的木柄有两米长，它的下端是五根闪闪发亮、带倒钩的钢齿。

塞索伊·塞索伊奇把被篝火映红的面孔转过来向着我，扮了个可怕的鬼脸。我把小船停了下来。

猎人开始小心翼翼地把鱼叉伸入水中。我向下望去，只看到这里水深处有一个笔直的黑色带状物。起先我以为那里是根

棍子，后来开始明白，这是一条大鱼的脊背。

塞索伊·塞索伊奇慢慢地把自己的武器向水深处伸下去。他把它斜伸下去，手里**纹丝不动**地握着鱼叉，屏息凝神地站着。

猛然间，他把鱼叉直插下去，使劲向黑色的鱼背刺去。

在他把自己的猎物拖出水面时，湖水涌动起来：鱼叉的钢齿上一条重约两千克的圆腹雅罗鱼正在挣扎。

我们驾舟继续前行。不久我发现一条不大的鲈鱼。它凝滞不动地停在水中，脑袋钻进了水下的一棵灌木丛里。看样子，它似乎正在深沉地思索。

它距水面是那么近，我甚至能看清它体侧的深色纹理。

我望着塞索伊·塞索伊奇。他否定地摇摇头。

我心里清楚：对他来说，这个猎物太**微不足道**了，就放过它好了。

我们就这样航遍了整个湖区：水下王国的神奇图景在我眼前一幅幅漂过，当需要再次把小船停下来，等猎人惊动自己水下的野味时，我实在无法使自己停下来而不去观看这样的情景。

又有一条雅罗鱼，两条硕大的鲈鱼，两条**金灿灿**的细鳞冬穴鱼，从湖底来到了我们的小船底。夜已快过去。现在我们驾舟在田野上方滑行。燃烧着的一段段树枝和红红的炭火唑唑地响着落入水中。偶尔能听见头顶上空看不见的野鸭扇动翅膀的声音。在一处黑漆漆的树林里，麻雀大小的小猫头鹰在用温和的叫声告诉什么人："我在睡觉！我在睡觉！"灌木丛后方一种叽叽叫的鸟儿发出悦耳的叫声，这是小公鸭在叫。

在前方，我发现船头前面的水中有一段短短的原木，我就调转船头驶向一边，以免撞着它。突然，我听到塞索伊·塞索伊奇发出了令人惊恐不安的嘘声："停住！停住！狗鱼！"

因为激动，他说话的声音甚至开始变得像在说悄悄话。

他利索地把绳子缠到手上，绳子的另一头系着鱼叉柄的上端，然后非常仔细、久久地瞄准着，非常小心地把自己的武器伸进水里。

他用尽全身之力向狗鱼刺去。

好啦，现在这条鱼在拖着我们走了！幸好钢齿扎得很深，所以它摆脱不掉。

原来这条狗鱼的重量大约有 7 千克。

当塞索伊·寒索伊奇终于把狗鱼拖进小船时，天色几乎大亮了。黑琴鸡絮絮叨叨、响亮的叽叽叫声透过薄雾，从四面八方传入我们耳际。"好啦，"塞索伊·塞索伊奇乐呵呵地说，"现在我来划桨，你来打猎，别错过了。"

他把烧剩的树枝抛进水里，我们在船里换了位置。早晨清新的微风很快吹散了朝雾，晴空如洗。我们迎来的是一个美好明媚的早晨。

我们沿着一块笼在森林绿色轻烟中的林边空地划行。白桦白色光滑的树干和云杉深色粗糙的树干直接从水里挺立而出。你向远方望——森林宛如悬挂在空中。你向近处看去——两座森林静静地在你眼前漂移：一座树梢向上，另一座树梢向下。灰暗的水面荡漾着神奇的涟漪，如镜子一般映照出深色和白色的树干，细细的树枝在水中的倒影宛如一根根线条，显得支离破碎，摇曳不定。

"准备！"塞索伊·塞索伊奇提醒说。

我们驶进一个长着白桦的谷地——一个小树林，在水淹的林间空地上行舟。在光秃的树枝上，栖息着一群黑琴鸡。奇怪的是，在这些大鸟的重压下，细小的树枝竟没有折断。

明亮的天空映衬出黑琴鸡结实的黑色身躯、细小的头颅和末端拖着两根弯曲羽毛的长尾巴。颜色微黄的母黑琴鸡显得更朴素、轻松和**飘逸**。

黑色和微黄色的大鸟的影子，头朝下伸长了身子在谷地下方的水中晃荡。我们离它们已近在咫尺。塞索伊·塞索伊奇默默地划着桨，驾着小船沿谷地推进。为了不惊动谨慎的鸟儿，我从容不迫地举起双筒猎枪。

所有黑琴鸡都伸长了脖子，朝我们转过了小脑袋。它们感到奇怪：是什么东西在水上漂？这有危险吗？

鸟类的思维是**迟钝**的。眼看着我们离最近的一只黑琴鸡只有50步了。它不安地转动着小脑袋：万一有情况该往哪儿飞呢？它的两只脚交替地挪动着步子。它身子下面细小的树枝弯了下去。它的翅膀猛然扇了两三下，以便保持平衡。

然而它的伙伴们停在那儿**岿然不动**。它也放心了。

我开了一枪。轰鸣的枪声像气团一样沿水面滚向树林，又遇到林障的反射，向后滚了回来。

黑琴鸡的黑色身躯扑通一声一下子跌入水中，溅起的七色水珠扬起了一根水柱。鸟儿们激烈地扑棱着翅膀，一下子从白桦树上消失了。

我急忙瞄准正在飞离的一只黑琴鸡开了第二枪，但是落

狩　猎

空了。

　　然而一清早就得到这么一只羽毛丰满的鸟儿，难道还不**心满意足**吗？

　　"**满载而归**了！"塞索伊·塞索伊奇祝贺说。

　　我们捡起湿漉漉、没有生命、耷拉着脑袋的黑琴鸡，从容地徐徐划着小船回家。

　　一群野鸭在湖水上方疾飞而过，鹬群发出叽叽的叫声，黑琴鸡在岸上更加响亮、更加警惕地唠叨着，**气呼呼**地啾啾叫个不停。一轮旭日在森林上空冉冉升起。

云雀在田野上空放声歌唱。经过一个**不眠之夜**的我们，却一点儿睡意也没有。

施放诱饵

狗熊常来我们周围**偷鸡摸狗**。有时听说它们在一个集体农庄里咬死了一头没下过崽儿的母牛，有时又听说在另一个农庄咬死了一匹母马。

在会上，塞索伊·塞索伊奇说了一句聪明话："既然它已冲着咱们的牲口来了，还等啥，咱们得采取措施呀。不是说加甫里奇哈家的小牛死了吗，把它给我，我用它来做诱饵。既然熊围着咱们的牲口群转，盯着不放，那它就会来上钩。要是它来了，那就别想碰一下牲口。我已想好招儿了。"

在我们这儿，塞索伊·塞索伊奇是个好猎手。

集体农庄的人们把加甫里奇哈家的小牛给了他，说："你干起来吧，那样我们会安宁些。"

塞索伊·塞索伊奇把小牛放上大车，运到了森林里，在那里把它放在一个干净的场地上，牛的头部转向日出的方向。

塞索伊·塞索伊奇在本行事务中是把好手。他知道熊不碰头朝南或朝西躺着的动物尸体，因为它怀疑这是个圈套。

他们在尸体周围用没有去皮的白桦树木搭起一个低低的平台。离平台20步的地方，在两棵并排的树上做了个离地约两米的观察点：用树条搭成的一个小台，夜间可以坐在上面守候野兽。

现在已**万事俱备**了。不过他没有爬上观察点，而是回家睡觉了。

一个星期过去了，他还在家里睡大觉。早晨他抽时间走到平台前，围着它走一圈，卷个漏斗形烟卷，抽会儿马哈烟，就回家了。

我们农庄的庄员们开始取笑他。小伙儿对他眨眼睛，说："怎么样，塞索伊·塞索伊奇，看来还是家里的炉炕上睡得香吧？你不乐意在林子里守夜，是吗？"

他回答说："没有小偷，守夜也是白搭。"

他们对他说："可小牛犊已经发臭啦。"

他说："这就对啦。"

不管你对他说什么，他都**不为所动**。

塞索伊·塞索伊奇知道该怎么办。他还知道熊已经不是第一天围着畜群转了。只是如果眼皮底下放着一头动物尸体的话，熊不会去扑杀活的牲畜。

塞索伊·塞索伊奇知道野兽已经嗅到了小牛犊的尸体：猎人**敏锐**的眼睛已经发现，在放牛犊的平台四周，有像人踩出的带爪痕的脚印。但是熊还没有去动牛犊：显然它的肚子经常吃得饱饱的，它要等着吃更美味的食物——要等到动物尸体真正发出臭味的时候。这头毛茸茸的林中野兽的口味就是这样的。

死牛犊躺在林子里已经两星期了，可是塞索伊·塞索伊奇仍然在家里过夜。

终于他从脚印上看出熊已经爬上平台，从牛尸上咬下一块好肉吃了。

当天傍晚，塞索伊·塞索伊奇带着猎枪爬上了观察点。

夜晚，林子里静悄悄的。野兽们在睡觉，鸟儿也在睡觉。

但并不是所有的鸟兽都睡了。猫头鹰**悄无声息**地扇动毛茸

茸的翅膀，在空中飞过：它在窥测草丛里沙沙走动的老鼠。刺猬在林间游荡，寻找青蛙。兔子在咔嚓咔嚓地啃食山杨苦涩的树皮。獾在土里寻找只有它看得见的草根。而熊也正无声无息地偷偷向诱饵逼近。塞索伊·塞索伊奇的眼皮困得睁不开了：他习惯于在夜间这个时候**沉沉甜睡**。他打了个盹儿。

他身子一颤：传来咯吱一声响！

难道这是幻觉？

不是。没有月亮，但是北方的夏夜即使没有月光也是亮的。他清晰地看见在白色桦木平台边上有一头黑黢黢的野兽。

熊已经到达美食的边上，在吧嗒嘴巴了。

别急！塞索伊·塞索伊奇心里暗想，我有更好的东西款待你呢——铅做的牛肉饼。

于是他举枪仔细地瞄准了野兽左边的肩胛。

骤然而起的枪声犹如雷鸣一般，在沉睡的森林里到处滚动。受惊的野兽蹦得离地半米高，獾吓得像猪一样号叫着往自己洞里跑，刺猬身体卷成一个长满刺的小球，老鼠赶紧往洞穴里窜，猫头鹰不声不响地冲进一棵大云杉的漆黑阴影里。

但是万物又复归一片寂静。夜行的野兽壮大了胆子，重又操起了各自的营生。

塞索伊·塞索伊奇爬下观察点，走近平台看了看。接着用马哈烟卷了个烟卷，抽了起来。他**不慌不忙**地走回家去，天正在亮起来，能稍稍睡会儿觉也好。

而当整个集体农庄苏醒时，塞索伊·塞索伊奇对小伙子们说："得啦，小子，把马车套起来，从森林里搬熊肉吧。熊再也碰不了我们的畜群了。"

辛勤筑巢月（夏季第一月）

森林里迎来了繁花似锦的夏季，在这个季节里，森林里会有什么变化呢？

6月21日到7月20日　太阳走进巨蟹宫

一年12个月中的欢乐诗篇——6月

转眼，6月到了，玫瑰花开了，鸟儿也已经搬完家了，夏天悄悄**来临**。白昼越来越长，在地球最北的地方，太阳24小时都在天上，那儿完全没有了黑夜。在潮湿的草地上，花儿越开越鲜艳：金凤花、立金花、毛茛遍地都是，把整个草地染成了一片金黄色。

太阳刚刚升起的黎明时分，勤劳的人们便到森林里**采集**很多药草的花、茎和根，然后把它们储藏起来。人在患病的时候，就把这些植物内部吸收的太阳的能量全部转移到自己身上。

6月22日是一年中白天最长的一天，这一天被称为夏至，这一天已经匆匆过去了。

告别了这一天，白天的时间开始慢慢地缩短，就跟那时春天的到来一样。人们常说："夏天的笑脸已经从帐篷顶上露出来了！"

所有的鸟兽昆虫都有了自己的巢，巢内有各种颜色的蛋！从薄薄的蛋壳里钻出柔弱的小生命。

大家都住在哪里

　　这个月是小鸟将要孵化的时候，为了让自己的孩子健康、安全地出生、成长，森林里的动物们有的已经建好了自己的房子，有的正在建。《森林报》的记者决定去了解了解那些飞禽走兽、虫儿、鱼儿都是住在哪里的，它们是如何建造自己的房子的，它们生活得怎么样。

那些舒适的房子

　　现在，森林里到处都建起了漂亮的小房子。几乎所有的地方都被**占据**了。地面上、地底下、水面下、水底下、树枝上、树干中、草丛里、半空中，到处都住满了住户。

　　在半空中盖房子的有黄鹂。黄鹂的房子是用亚麻、草茎和毛发编成的，看起来就像是一只轻巧的小篮子高高地挂在白桦树枝上，在这个小篮子里面放着黄鹂的蛋。而且神奇的是，无论多大的风**摇曳**树枝，蛋都不会破！

　　在草丛中盖房子的有百灵、林鹨、鹀鸟，以及许许多多别

的鸟。其中篱莺的房子是用干草和干苔藓做的，上面还有个房盖，侧面有个开着的门，这是我们的记者最喜欢的房子。

在树上做洞屋的有鼯鼠、小蠹虫、木蠹曲、啄木鸟、椋鸟、山雀、猫头鹰和许多别的鸟儿。

住在地底下的有鼹鼠、田鼠、獾子、灰沙燕、翠鸟和各种各样的虫儿。鸊鹈是一种没有尾巴的水鸟，它的巢是用**沼泽**里的草、芦苇和水藻织成的，浮在水面上。它的巢就像木筏一样在湖面**漂来漂去**，它就住在那里面。

还有一些居民把房子盖在水底下，如河栉子和银色水蜘蛛。

谁的房子最好

我们的记者想在森林中评选一所最好的房子。可是，要评选出最好的房子可不是一件容易事。

雕用粗树枝做成的巢是最大的，它的巢就架在一棵又大又粗的松树上。

黄头戴菊鸟的巢是最小的，它的巢只有一个拳头那么大，这是因为它的个头儿跟蜻蜓一样小。

田鼠的房子是最狡猾的。这所房子有许多前门、后门和紧急门。不管你用什么方法，都别想把田鼠堵在洞里！

卷叶象鼻虫，它的房子是最艺术的。它把白桦树的叶脉咬断，等到叶子**枯萎**之后，它就把叶子卷成小筒，用唾液粘上。这样小筒就成了卷叶象鼻虫的房子，更神奇的是，雌卷叶象鼻虫就在这小筒里面产卵。

戴领带的勾嘴鹬和夜游神欧莺的巢是最普通的。勾嘴鹬直接把它的四个蛋下在小河边的沙滩上，欧莺也直接把它的蛋下在小坑里或者树下的枯叶堆里。这两种鸟都不会把力气花在造房子上。

反舌鸟的房子是最漂亮的。它把房子建在白桦树的树枝上，用苔藓和比较轻的白桦树皮来做装修。它还从一个别墅的花园里捡来一些**五颜六色**的碎纸片，贴在房子的周围做装饰。

长尾巴山雀的巢是最舒适的。长尾巴山雀还被人们称作汤勺子，因为它长得很像舀汤用的长柄勺。它的巢，里面是用绒毛、羽毛和兽毛编的，外层粘上苔藓。整个巢圆圆的，看起来就像一个小南瓜，在房子中间是巢的入口，这个入口又小又圆。

河樜子幼虫的小房子是最方便的。

河樜子是一种有翅膀的昆虫。它们不动的时候，就会把翅膀收在自己的背上，把自己的整个身体都盖住。但是河樜子的幼虫全身光溜溜的，没有翅膀，也没有任何东西**覆盖**。它们生活在小河和小溪的底部。

河樜子的幼虫通常会去寻找一些和自己的背差不多长短的稻草或是细树枝，然后再在它们上粘一个用泥土做的小管子，最后自己倒爬着钻进去。

这是多么方便哪！幼虫有时候全身都躲在小管子里，**安安静静**地睡觉，谁也看不见它；有时候它伸出前脚，背着自己的小房子到处走，可见这小房子是多么轻便啊！

更有趣的是，有一只河樜子的幼虫，在河底找到了一个烟蒂。于是，它就钻到了里面，带着烟蒂到处旅行。

银色水蜘蛛的房子是最**奇怪**的。它住在水里，它在水草间织了一张蜘蛛网，再用毛茸茸的肚皮带来一些气泡放在蜘蛛网下。它就生活在这个有空气的小房子里。

还有谁会做窠

我们的记者还找到了棘鱼的窠。

棘鱼为自己造了一个实实在在的窠。造窠的工作交给雄棘鱼，它只会选择重一些的草茎做窠，因为这样把窠放到河底也不会浮上来。雄棘鱼家的墙壁和天花板都使用的是这种材料。选好材料后，雄棘鱼会用唾液将它们粘牢，再用苔藓把墙壁间的小**缝隙**堵上，只在墙上留两个进出的小门就可以了。

小老鼠的窠和鸟巢一样，也是用草叶和一条条很细的草茎编成的。老鼠的窠挂在离地面差不多有两米高的圆柏树的树枝上。

房子是用什么材料建成的

森林里的房子，都是用**各种各样**的材料建成的。

会歌唱的鸫鸟是用烂木屑做成的"石灰"来粉刷房间的内壁。

家燕和金腰燕是用自己的唾沫将烂泥做成的泥窠牢牢粘住。

黑头莺是用又轻又黏的蜘蛛网将细树枝粘牢做成自己的巢。

鸫鸟这种小鸟，会从笔直的树干上，头朝下地跑来跑去，因为它住在入口很大的树洞里。为了防止松鼠爬进它的洞里，它会用泥土把洞口封起来，只留下一个自己可以钻进去的小孔。

翠鸟的羽毛很漂亮，蓝绿相间，还夹杂着咖啡色条纹。

它造的巢很有趣。它会在河岸上挖一个很深的洞，在自己的小房间的地面上铺一层细鱼刺。这样，就做成了一个软软的床垫子。

借住别人的房子

要是有谁不会建造房子，或者懒得建房子，那就只能**借住**别人的房子了。

杜鹃通常会把蛋产在鹡鸰、黑头莺、知更鸟或其他小鸟的巢里。

森林里的黑勾嘴鹬，它会找一个破旧的乌鸦巢，然后在里面孵自己的小鸟。

船䱻鱼很喜欢水底沙岸壁上的小洞，只要洞的主人一离开了，船䱻鱼就不慌不忙地住在里面产卵了。

有一只麻雀，它安家的方式很**巧妙**。

一开始，它在屋檐下造了一个巢，结果，不幸被淘气的男孩子捣毁了。然后，它又在树洞里造了个巢，可恶的伶鼬把它所有的蛋都偷走了。于是，麻雀就干脆把巢建在雕的大巢旁边。在这些粗大的树枝间放一个小小的麻雀巢，地方还是很宽敞的。

现在，麻雀终于可以舒舒服服地过日子了。大雕根本不会留意它有这么小的一个邻居。至于那些伶鼬、猫、老鹰，甚至是男孩子，都不敢再破坏它的巢了，因为没有谁是不怕大雕的。

大集体

森林里也有**群居**的大集体。像蜜蜂、黄蜂、丸花蜂和蚂蚁

建造的房子，都可以容纳**成百上千**的成员。

白嘴鸦占据花园、小树林作为自己的领地，它们把许许多多的巢聚集在一起。而沙鸥则占据了沼泽、沙岛和浅滩。

灰沙燕在陡峭的河岸上凿了无数个小洞，河岸被它们弄得像个筛子似的。

巢里装着什么

巢里面有蛋，不一样的巢装着不一样的蛋！

不同的鸟产的蛋是不同的，这不是**平白无故**的，而是有原因的。

勾嘴鹬的蛋上有大大小小的斑点；而歪脖鸟的蛋，白色中稍微带点儿粉红色。

这是什么原因呢？原来，歪脖鸟的蛋下在又黑又深的洞里，不会被别人看见。而勾嘴鹬的蛋却是直接下在草墩上，完全暴露在外面。如果它们和歪脖鸟的蛋一样是白色的，很容易被看到。所以，现在这个颜色能被草墩的色彩盖住，这样就不容易被发现了。可是，你也许会因为看不见它们而一脚踩上去。

野鸭的蛋也差不多是白色的，它们的巢也在**草墩**上，也是暴露在外面的。于是，聪明的野鸭在离开巢之前会从身上啄下自己的几片羽毛盖在蛋上，这样，别的动物就不会发现它的蛋了。

为什么勾嘴鹬的蛋有一头是尖的，而大兀鹰的蛋却是圆的呢？

这道理很简单：勾嘴鹬是一种小鸟，而兀鹰的个头儿是它的五倍大。而勾嘴鹬的蛋却很大，蛋的一头尖尖的，小头对小头地放在一起，不会占很大的空间。如果不是这样，它在孵蛋的时候会很麻烦。

可是，为什么小勾嘴鹬的蛋会和大兀鹰的蛋一样大呢？

这个问题，只好等到下一期谈到雏鸟**出世**的时候，再告诉大家了。

小鸟出世月（夏季第二月）

炎热的 7 月来临了，在这盛夏时节，森林里的植物和动物又是怎样的状态呢？

7 月 21 日到 8 月 20 日　太阳走进狮子宫

一年中 12 个月的欢乐诗篇——7 月

7 月到了，这时候已经是**盛夏**，它不知疲倦，什么都要插上一手。它交代稞麦要鞠躬，而且要深深地鞠到地上；命令燕麦穿上漂亮的长衫，而荞麦连一件衬衣也不让穿。

那些绿色植物通过吸收阳光让自己成长。稞麦田和小麦田现在已经是一片金色的海洋，我们只要把它们储藏起来，足够吃一年呢。青草已经割倒了，堆成一座座干草垛，这是我们给牲畜储藏的口粮。

鸟儿突然都**沉默**了，因为它们现在很忙碌，没时间唱歌了：所有的鸟巢中都有鸟宝宝了。鸟宝宝刚出生时还没有长毛，浑身光溜溜的，眼睛都没有睁开，需要父母长时间在身边照顾。现在，地上、水里、森林里，甚至是在空中，小鸟到处都可以找到食物，而且食物很充足，够大家吃的。

森林里到处都是**美味多汁**的浆果，如草莓、黑莓、大覆盆子、洋莓和甜樱桃等，北方的金黄色的桑悬钩子，南方的樱桃、洋莓。操场脱掉金黄色的连衣裙，换上了绣着野菊花的花衣裳：雪白的花瓣可以反射太阳的热光。在这时候，你可不能和生命的创造者——太阳神开玩笑，它的爱抚会把你**烤焦**的。

森林里的孩子们

> 7月，森林里的动物们都有了自己的孩子，它们有的只有一个孩子、有的却有成百上千个。有的，一生下孩子，便任由它们自生自灭；有的，却对自己的孩子疼爱有加，用自己的生命保护它们。而鸟儿们的世界更精彩，它们生下的孩子是怎样的呢？这些雏鸟又会有怎样的命运呢？鸟儿中有哪些稀奇古怪的事呢？一起去看看吧！

谁的孩子最多

那只**年轻**的雌麋鹿，就生活在城外茂密的森林里。它今年只生下一只小麋鹿。

白尾巴雕也住在这片森林中，它的巢里有两只小雕。

黄雀、燕雀、鹀鸟，各孵出 5 只小鸟宝宝。

啄木鸟今年孵出了 8 只**雏鸟**。

长尾巴云雀也有 12 只雏鸟。

灰山鹑孵出了 20 只雏鸟。

而在棘鱼的窠里，每一粒鱼子都能长成一条小棘鱼，一共孵出了一百多条呢。

鳊鱼可以产几十万条小鱼。还有鲟鱼，它的孩子数都数不清，大概有几百万条吧！

被抛弃的孩子

鳊鱼和鲟鱼生完鱼子后，就游走了，对它们**不管不顾**。这些鱼子是怎么孵化出来的呢？它们怎么长大，怎么生活，怎么找东西吃呢？这些，都得靠它们自己。不过这是可以理解的。如果你有几十万个孩子，你也只能这么做——根本照顾不过来。

一只有一千多个孩子的青蛙，也不会管它的孩子。

当然，这些被抛弃的孩子，生活得很**艰难**。水下面有许许多多贪吃的家伙，它们最爱的食物就是味道鲜美的鱼子和青蛙卵，甚至连小鱼和小蝌蚪它们也喜欢吃。

在小鱼长成大鱼、小蝌蚪长成大青蛙之前，它们将遭遇很多的危险！它们中很多都被吃掉了！真是一想起来就觉得害怕。

疼爱孩子的父母

麋鹿妈妈和所有小鸟的妈妈一样，很**疼爱**自己的孩子。

麋鹿妈妈为了自己的独子——小麋鹿，随时都可以放弃自己的生命。就算是大黑熊来袭击小麋鹿，麋鹿妈妈也绝对会前后脚一起乱踢，以此来保护小麋鹿。这一顿蹄子真够大黑熊受的，下次再也不敢往小麋鹿身边凑了。

有一次，我们的记者去田野，遇到了一只小山鹑。它从记者脚底下跳出来，蹿到草丛里躲了起来。

记者马上捉住了这只小山鹑，它立刻大声叫起来。山鹑妈妈听到了小山鹑的求救声，不知道从哪儿钻了出来。看到自己的孩子被人捉住了，它就咕咕地大声叫起来，向记者扑过来，但一下子又摔到了地上，耷拉着翅膀。

记者们以为它肯定受伤了，于是就松开小山鹑，去捉大山鹑。

山鹑妈妈在地上**一瘸一拐**地走着，好像只要一伸手就能捉到它，但等记者靠近，它就会往旁边一闪，躲了过去。记者们就这么追呀，追呀，山鹑妈妈突然抖了抖翅膀，从地上飞起来，竟然一点儿事也没有，就这样飞走了。

我们的记者又回过头来找那只小山鹑，结果小山鹑已经不知道去哪儿了。原来是山鹑妈妈施了计策，故意装作受伤，把记者们吸引开，好救出自己的孩子呀。山鹑对自己的每个孩子都是那么爱护，因为**相对而言**，它的孩子比较少，只有二十多只。

忙碌的鸟儿

天刚一亮，鸟儿就飞了出去。

椋鸟每天要工作 17 个小时，家燕每天要工作 18 个小时，雨燕每天要工作 19 个小时，朗鹟每天工作 20 个小时以上。

我算了一下，它们每天不工作这么长时间是不行的。

为了养活自己的孩子，雨燕每天至少要飞回巢里 30—35 次，才能将小雨燕喂饱。而椋鸟要飞 200 次，家燕要飞 300 次，朗鹟要飞 450 次。

整个夏天里，它们都在**消灭**那些对森林有害的害虫，至于究竟消灭了多少，数也数不清。

它们忙得连翅膀都合不上，每天都在不停地工作着。

刚出生的小鸟

沙锥孵出的小鸟是什么样的呢？

它刚从蛋里孵出来的时候，嘴上有个小白疙瘩，叫作"凿壳齿"，它就是用这颗牙齿把蛋壳凿破，自己钻出来的。

它要是长大了，便会成为很凶猛的鸟类，这种鸟儿经常让啮齿类动物**心惊胆战**。

可是如今，它还是个可爱的小东西呢，全身上下都是软软的绒毛，眼睛还没有完全睁开。

它是那样无助、温驯，待在爸爸妈妈身边**寸步不离**。如果爸爸妈妈不给它东西吃，它就得活活饿死。

鸟类中也有一些战斗力很强的小家伙，它们刚刚把蛋壳凿破，就立刻跳起脚来，一点儿不客气，立刻给自己找东西吃。它们不怕水，也不怕敌人，见到敌人还可以躲起来。

看看这两只小沙锥，它们刚从蛋里出来，就离开了巢，去捉蚯蚓吃了。

为什么沙锥下的蛋那么大呢？就是为了让小沙锥在里面长得结实点儿。《森林报》第四期会详细讲到。

我们刚刚讲过的小山鹬，可是个小勇士，它刚一出世就会拼命地跑了。

还有被称作小野鸭的秋沙鸭。它刚出生就一瘸一拐地来到小河边，和大鸭子一样扑通一下跳到水里，洗起澡来。它一会儿潜泳，一会儿仰泳，几乎什么都会。

旋木雀的女儿可真是**娇生惯养**了，它要在巢里待上整整两周才能飞出来，在树上蹲会儿。

你看它**气鼓鼓**的样子，一脸的不乐意，原来妈妈半天没飞回来喂它食物了。

它已经三周大了，可一直啾啾地叫着，要妈妈把青虫和好吃的东西都塞到它嘴里才行。

岛上的"殖民地"

小沙鸥住在一个小岛的沙滩上，那儿有许许多多的"别墅"。

每到晚上，小沙鸥都睡在沙坑里，每个沙坑里睡三只。沙滩上都是这种小坑，这里简直是沙鸥的"殖民地"。

白天，小沙鸥开始学习飞翔、游泳，在爸爸妈妈的带领下捉小鱼儿。

老沙鸥一面教它们，一面还要保护它们。

当有敌人来袭时，所有的沙鸥就成群结队地飞起来，大声叫着嚷着冲过去。这阵势，谁见了都害怕呀！

甚至连巨大的白雕看到这种情况，也会立刻**逃之夭夭**。

雌雄颠倒

编辑部收到了全国各地的来信，这些信中说，就这个月，在莫斯科附近、在阿尔泰山上、在卡马河畔、在波罗的海上、在亚库提、在卡赫斯坦，都见到了一种奇怪的鸟儿。

这种鸟儿长得很可爱，也非常漂亮，就像卖给城市里年轻人的那种色彩绚烂的浮标。它们非常信任人，就算你走到它们跟前五步远，它们还是在你面前的水边继续**游来游去**，好像一点儿都不害怕。

如今，所有的鸟儿都在巢里孵蛋，喂养小鸟，只有这种鸟儿一队队、一群群地在全国各地四处旅行。

更让人惊奇的是，这些五颜六色的小鸟全都是雌的。一般情况下，色彩漂亮的鸟都是雄的，而这种鸟**恰恰相反**：雄鸟的颜色又灰又暗，雌鸟却**色彩斑斓**。

还有比这更奇怪的：这些雌鸟妈妈一点儿都不关心自己的孩子。在遥远的北方苔原地带，它们把蛋放到坑里之后立刻就飞走了！而雄鸟留在那里孵蛋，喂养宝贝，保护孩子。

这根本就是雌雄颠倒！这种鸟儿就是红颈瓣蹼鹬。

它们今天飞到这儿，明天飞到那儿，到处都可以看到它们的身影。

结队飞行月（夏季第三月）

森林里的动物和植物辞别了"7月——成长月"，马上迎来了"8月——将熟月"。新的月份，又有哪些植物成长起来了呢？

8月21日到9月20日　太阳走进室女宫

一年中8月的欢乐诗篇

8月，是闪光的一个月。在夜里，远方出现一道道闪光，无声无息地照亮了整个天空，**转瞬即逝**。

草地在夏季最后一次换装了，如今，它变得**五彩缤纷**，花儿大多是蓝色、淡紫色这种稍微深一点儿的颜色。太阳光渐渐减弱，草地需要收藏临别的阳光了。

大一些的水果快要成熟了；晚熟的浆果，像树莓、越橘什么的，也很快就要成熟了；沼地上的蔓越橘、树上的山梨，都快要熟透了。

森林里长出来一些蘑菇，它们讨厌火热的太阳，喜欢藏在阴凉里躲避阳光，就像个小老头儿。

　　这时候，树木已经停止往高处生长了，也不再长粗了。

森林里出了新规矩

又过了一个月，雏鸟渐渐长大了，它们开始爬出暖和的巢，跟着爸爸妈妈学习飞翔、学习捕食、学习如何独立生存。孩子们在爸爸妈妈的呵护下健康成长，等它们长大后还要面对很多事情呢！

小孩子们长大了

森林里的孩子们都长大了，已经可以从窠里爬出来了。

在春天，鸟儿**成双成对**的，住在自己一块固定的地盘上，如今却带着孩子们，满树林子游荡起来了。

森林里的居民们你来我往地串起了门。

就连那些猛兽和猛禽，也不再严守着自己打食的那个地段了。野味现在很多，几乎到处都有，大家都有吃的。

貂、黄鼠狼和白鼬也满树林窜。它们无论在哪里，都能不费事地得到吃的东西：这里有的是**呆头呆脑**的雏儿、没有经验的小兔子、粗心大意的小老鼠。

鸣禽集合成为一群群，在灌木和乔木间穿行。

群有群的规矩。

规矩是这样的：

团结一心

谁要是先发现了敌人，就得尖叫一声，以此来警告群里的其他同伴，让大家赶紧四散逃走。要是有一只鸟遇到了敌人，大家就一齐飞起来，大叫大吵，把敌人吓跑。

那成百对眼睛、成百双耳朵警惕着敌人，成百张尖嘴巴准备好了打退敌人。加入鸟群的雏鸟越多越好。

在鸟群里，雏鸟必须遵守这样的规矩：**一举一动**都要模仿老鸟。老鸟们不慌不忙地啄麦粒，雏鸟也跟着啄麦粒；老鸟们抬起头来一动不动，雏鸟也要抬起头来**一动不动**；老鸟们逃跑了，雏鸟也要跟着逃跑。

教练场

鹤和琴鸡有一块真正的教练场，来供自己的孩子们学习。

琴鸡的教练场在林子里。小琴鸡**聚集**在那里，看琴鸡爸爸做什么。

琴鸡爸爸咕噜咕噜地叫，小琴鸡跟着咕噜咕噜叫起来。琴鸡爸爸"啾弗——费！啾弗——费"地一叫，小琴鸡也"啾弗——费！啾弗——费"地叫起来。

只是现在琴鸡爸爸的叫声跟春天不一样了。春天，它的叫声好像是："我要卖掉皮袄，我要买件大褂！"现在好像是："我要卖掉大褂，我要买件皮袄！"

小鹤们排成队伍，也飞到教练场，它们正在学习怎么在飞

行时排成整齐的"人"字阵。必须学会做这件事，这样，在长途飞行的时候，才能节省力气。

飞在"人"字阵最头里的，是**身强力壮**的老鹤。它是全队的先锋，要冲破气浪，所以它的任务比别的鹤更艰巨一些。

如果它飞累了，就会退到队伍的末尾，由别的有力气的老鹤来代替它领队。

小鹤跟在领队的后面飞，一只紧跟着一只，脑袋接着尾巴，尾巴接着脑袋，按节拍鼓动翅膀。哪一只身体强一些，就飞在前面；哪一只弱一些，就跟在后面。"人"字阵用头前的三角尖突破一个个的气浪，就像小船用船头**破浪前进**一样。

注意，到地方了

注意，到地方了！

鹤一只跟着一只地落到地上。这里是田野当中的一块空地，小鹤在这里学习跳舞和体操：它们跳哇，转哪，按节拍做出各种灵巧的动作。还得做一样最难的练习：用嘴把一块小石子抛上去，再用嘴接住它。

它们这样做是为了给长途飞行做准备。

蜘蛛也会飞

没翅膀，能飞吗？

看！几只小蜘蛛变成了气球驾驶员，这是它们飞行的窍门。

小蜘蛛从肚子里放出一根细丝来，挂在灌木上。微风吹着细丝，细丝左右飘动着，可是这些细丝是吹不断的。蜘蛛丝很**坚韧**，跟蚕丝一样。蜘蛛丝从灌木上挂下来，直到地面，在空中飘哇飘。小蜘蛛站在地上，还在那儿抽丝。丝把身子缠住了，缠得浑身都是，好像一个**蚕茧**似的，可是丝还在那儿抽出来。

蜘蛛的丝越抽越长，风吹得越来越厉害。

小蜘蛛用 8 只脚牢牢地抓住地面。

小蜘蛛迎风走过去，咬断挂在细枝上的那一头。

一阵风就把小蜘蛛给刮走了。

小蜘蛛飞起来了！

它赶快解开缠在身上的丝！

小气球飞得高高的，飞过了草地，飞过了灌木丛。

驾驶员从上往下看：在哪儿降落好一些呢？

下面是树林，是小河。再往前飞吧！

瞧，这是谁家的小院子呀！有一群苍蝇正绕着一个粪堆飞舞。就在这里降落吧！

小蜘蛛把蜘蛛丝绕在自己身底下，用小爪子把蜘蛛丝缠成一个小团儿。小气球渐渐地降落了。

终于着陆了！

蜘蛛丝的一头挂在草叶上，小蜘蛛着陆了！

小蜘蛛就在这里**安居乐业**了。

到了秋天，在天气晴朗、干燥的时节，有许多小蜘蛛带着它们的细丝在空中飞行。那时，乡村里的人就说："秋天来了！"那些**宛如银丝**的蜘蛛丝就是秋的白发。

候鸟辞乡月（秋季第一月）

秋天来了，树木枯萎，鸟儿迁徙，虽没有了夏日的生机勃勃，多了些秋日的萧索荒凉，但秋高气爽的天气、清澈见底的河水、银白色霜盖的大地还是别有一番风味。秋天还有哪些变化呢？到文章中去看一看吧。

9 月 21 日到 10 月 20 日　太阳走进天秤宫

一年中 12 个月的欢乐诗篇——9 月

9 月——狂风怒号。天空中经常**乌云密布**，风刮得越来越厉害。秋天的第一个月走近了。

像春天一样，秋天也有一份自己的工作日程表。只是，秋天是从空中开始的——和春天正相反。高高地长在头顶的树叶正一点儿一点儿地改变颜色——变黄，变红，变褐。叶子一见阳光不够，就立刻开始**枯萎**，很快就失去了碧绿的颜色，树枝上长着叶柄的地方形成一个**颓败**的圆环。甚至在无风的寂静的日子里，我们会突然看见，一片片黄色的白桦树叶和红色的白杨树叶在空中轻轻地飘来飘去，无声地在地面上滑过。

清晨醒来后，你会发现青草上已经结了白霜，请在日记里记下来吧——从今天起，确切地说，应该是从今夜起，秋天开始了，因为初霜总是在黎明前出现。枝头越来越**频繁**地飘落枯叶，直到最后，刮起了落叶风，于是，森林色彩斑斓的夏装全部被撕去。

雨燕不见了。家燕和在我们这里度夏的其他候鸟都在结群搭伴，夜里悄悄地陆续出发，开始了遥远的征程。天上变得空荡荡的，水也越来越凉，人们再也不想到河里去洗澡了……

可是，突然——就好像为了纪念那火热的夏天一样——暖洋洋的天气又回来了。在宁静的空中，一根根长长的细蜘蛛丝飞舞着，泛着银光……田野里又闪耀着**欣欣向荣**的新绿。

村民爱怜地看着生机勃勃的秋播作物，笑着说："秋老虎来了！"

在森林里，大家都开始做过冬前的准备了。未来的生命都躲藏起来了，把自己裹得暖暖和和的——在春天到来之前，对那些生命的一切关怀都停止了。

只有兔妈妈怎么也不甘心，还不相信夏天就这么过去了，它又生下了一窝小兔——落叶兔。

细柄的实用蔥长出来了。夏天结束了。

候鸟告别的时候来到了。

和春天一样，森林给我们编辑部发来了一封封电报：时时

有新闻，天天有大事。像在候鸟返乡月时那样，鸟儿又开始了大迁徙——不过，这一回是从北方往南方迁徙。

秋天就这样开始了。

来自森林的第一封电报

所有穿着**五颜六色**华丽服装的鸣禽都消失了。它们是怎么上路的？我们没看见，因为它们是半夜里飞走的。

许多鸟儿更喜欢在夜里旅行——这样更安全。黑暗中，游隼、老鹰和其他猛禽是不会逮它们的；白天的时候，这些家伙们却从森林里飞出来，在半路上等着它们。

在海上长途飞行路线上出现了成群的水鸟——野鸭、潜鸭、大雁和鹬等。这些长着翅膀的旅客会在旅途中短暂停留，而停留的地点恰恰是它们在春天时到过的地方。

森林里的树叶逐渐变黄了。兔妈妈又生下三只小兔。这是今年最后一窝小兔。我们管它们叫落叶兔。

每天夜里，在海湾的泥岸上都会印上一些小十字、小点子，布满了整个**淤泥**地面。我们在这小海湾的岸上搭了一个小帐篷，想看看是谁在那里调皮。

告别的歌声

在白桦树上，已经没有几片叶子了，光秃秃的树干上**孤孤单单**地挂着一个椋鸟巢。主人已经离开了，只留下它在那里晃来晃去。

忽然，两只椋鸟飞了过来。怎么回事？雌椋鸟飞进巢里，一本正经地忙碌起来。雄椋鸟蹲在树枝上，向四周张望。后来，它唱起歌来，悄悄地唱着关于自己的歌。

忙完了，雌椋鸟就从巢里飞了出来，**匆匆忙忙**地向鸟群飞去。雄椋鸟跟在它的后面。是时候了，是时候了——不是今天，就是明天，就要远行了。

它们是来跟这座小房子告别的。夏天的时候，它们的孩子就是在这里出生的。

它们不会忘记这座小房子。春天的时候，它们还要回来住。

摘自一位少年自然界研究者的日记

水晶般的早晨

9月15日——秋老虎。一大早，我像平常一样到花园里散步。

我走出家门，发现**秋高气爽**。在乔木、灌木和青草间挂满了银色的细蜘蛛网，上面缀满了很小很小的"玻璃珠"。在每张网的正中心，都有一只蜘蛛伏在上面。

在两棵小云杉的树枝间，有一张银色的网，在寒露衬托下好像水晶一样，让人不忍触碰。蜘蛛自己则像个小球一样，缩在那里，一动也不动，也可能它是被冻僵了，或者已经冻死了。苍蝇还没飞出来。

我用小指头轻轻地碰了一下小蜘蛛。

小蜘蛛没有反抗，竟像一颗**冷冰冰**的小石子那样，啪地掉到了地上。

但是，它刚落在地上——草下面，我就看见它立刻跳起来，拔脚就跑，很快藏了起来。

真是一个狡猾的小骗子！

我很想知道，它是否还会回到这张网上来，它是否还能找到这张网……或者再编一张新的蜘蛛网。那得费多大的心思呀！跑前跑后、打结、绕圈子，多费事呀！

小露珠在细草尖上抖动着，就像在长长的睫毛上颤动的泪珠一样。它们闪耀着**光辉**，散发着喜悦。

在道路的两侧，还长着最后一批小野菊花。它们牵拉着花瓣做的白裙子，等待着太阳温暖的拥抱。

空气稍微有点儿冷，但却那么纯净、透明，看上去像水晶那样清澈。在这样的早晨，一切都是那么漂亮、华丽。缤纷多姿的树叶，被露水和蜘蛛网打扮成银色的青草，夏天不常出现的那种很蓝很蓝的小河，让人看了心情舒畅。我看到的最难看的东西，是一棵湿淋淋的冠毛粘在一起的蒲公英。还有一只毛茸茸的灰蛾，它的脑袋已经露出肉了，大概是被鸟儿啄的。回想夏天的时候，那些头戴千万顶降落伞的蒲公英，是多么神气呀！而那时的灰蛾呢，则顶着光溜溜的脑袋，浑身毛茸茸的，也是**生机勃勃**的呀！

我觉得它们很可怜，就把灰蛾放在蒲公英上，再把蒲公英拿在手里，让森林上方的阳光照着它们，就这样照了很久。它们两个——灰蛾和花儿——又冷又湿，几乎都快死掉了。后来，它们渐渐活了过来，有点儿生命的**迹象**了，蒲公英头上的那些灰色小降落伞干了，变成又白又轻的样子，然后升了起来；灰蛾的翅膀也逐渐恢复了活力，变得毛茸茸的，像是被烟熏过一样。这两个可怜的家伙开始变漂亮了。

在森林的角落里，一只琴鸡叽里咕噜地**嘟哝**着。

我走向灌木丛，想从灌木丛后偷偷地绕到它身边，看看它是怎样静静地嘟哝着自己的心事。这秋日里"啾弗、啾弗"的叫声，是否让它想起了春天时做的游戏。

可还没等我走到灌木丛前，它——那只黑色的家伙——扑棱一声响，从我的脚下飞了起来，这声音吓得我直**哆嗦**。

原来，它就在我跟前蹲着。我还以为它离我很远呢！

这时候，远远地传来一阵喇叭声——这是鹤在叫唤呢——它们成群结队地从森林的上空飞了过去。

它们离我们而去了……

森林中的大事

秋天来了，乔木、灌木和青草等待传播种子，鸟儿准备迁徙，森林中还发生了什么大事件呢？

游泳旅行

草地上，枯萎的草**蔫头耷脑**地伏在地上。

著名的竞走运动员——秧鸡，已奔赴遥远的旅途。

在海上长途飞行线上，出现了一群群矶凫和绵凫。它们潜入水中伺机捕鱼，很少展开翅膀飞起来。它们就这么游着游着，游过了湖泊和海湾。

它们甚至不需要像鸭子那样，先抬起身子，再向水下扎猛子。它们的身子太适合**潜泳**了，只要把头一低，脚蹼用力地蹬一下，就钻到水下深处了。矶凫和绵凫在水底是那么自在，就像在家里一样。任何一种长翅膀的猛禽在下面都不能追上它们。只要它们一游起来，连鱼儿都追不上。

最后的浆果

在沼泽地上，那些长在泥炭墩上的蔓越橘成熟了。它们的浆果径直躺在青苔上，很远就能看见。可是，它们到底长在什么东西上面——却看不到。再走近些，才能发现，在青苔"枕头"上，一些像绒毛那样细小的茎延伸着，两旁长着一些坚硬的泛着光的小叶子。

原来，这就是一丛小灌木！

上路了

每一天，每一夜，都会有一批批长着翅膀的旅客上路。它们一点儿都不着急，就这样慢慢地飞着。它们歇息的时间很长，这和春天是不一样的。看得出来，它们是不愿意离开故乡呢！

它们搬家的顺序跟来时正好相反：现在，第一批飞走的是那些色彩鲜艳、花花绿绿的鸟儿；最后动身的是春天时最先飞来的——燕雀、百灵、鸥鸟等。在很多鸟类中，年轻的飞在前面，雌燕雀比雄燕雀先飞走。谁强壮有力、能吃苦，谁就晚些走。

大多数鸟儿直接飞向南方——法国、意大利、地中海、非洲。还有一些鸟儿向东飞：经过乌拉尔山脉，经过西伯利亚，飞到印度去；有的甚至飞到美国去。几千千米的路程，在它们的脚下只是一闪而过。

林中大汉的战斗

傍晚时分，森林里传出低沉的短吼声。从密林里走出了林中大汉——长着犄角的大公麋鹿。它们用低沉的吼声——就像

是从内脏发出来的一样——向对手发出挑战信号。

战士们在空地上遭遇了。它们用蹄子刨着地，摇晃着笨重的犄角，威慑着敌人，眼睛里布满血丝。突然，它们大打出手。它们低下用大犄角武装的脑袋，互相撞击，发出劈裂声和嘎嘎声，犄角钩在一起。它们用巨大的身躯猛烈地撞击对方，拼命想扭断对手的脖子。

分开——又冲上去，时而把前身弯到地，时而又用后腿立起来。它们都想用犄角杀死对方。

笨重的犄角一撞击，就会传出轰隆轰隆的声音。难怪有人把公麋鹿叫作犁角兽，它们的犄角又宽又大，像犁似的。

经常会有这样的情况——有的公麋鹿战败后，急急忙忙地从战场上逃走；有的被可怕的大犄角撞断了脖子，流出了鲜血，被战胜的公麋鹿用锋利的蹄子踢死。

于是，震耳的吼声传遍了整个森林，那是犁角兽在庆祝胜利呢。

森林深处，一只没有犄角的母麋鹿在等着它。公麋鹿——胜利者，成了这个地方的主人。

胜利者不允许别人进入它的领地。它甚至连年轻的小麋鹿都不放过，只要一看见，就立刻把它们驱逐出去。

它那低沉的吼声，像巨雷一样响彻周边。

等待帮手

乔木、灌木和青草都在急急忙忙地安排子孙后代的生活。

从槭树枝上垂下来一对对翅果。它们已经开裂了，就等着风儿一吹，把它们带走，四处去播种。

期待风儿快点儿吹过来的还有草族人民：在高高的长茎上，从干燥的花盘里伸出一串串华丽的、蚕丝般的灰色茸毛；香蒲茎的顶端穿上了褐色的"小皮袄"，它们长得比沼泽里的草还要高；山柳菊的毛茸茸的小球，已经准备好在晴朗的日子里**随风飘散**。

还有数不清的草，果实上长着或长或短的细毛，有的很普通，也有的像羽毛一样。

在收割过的田里、路两边和水沟旁，植物们等待的对象已经不是风儿了，而是四条腿的动物或两条腿的人：长着**干燥**的尖尖的花盘的牛蒡，紧紧地拽着自己菱形的种子，等待有人上钩；狗尾草喜欢用它黑色的三角形的果实戳行人的袜子；带钩刺的猪殃殃，它的果实又小又圆，喜欢钩住人的衣衫不放，只有用毛绒才能把它擦掉。

来自森林的第二封电报

我们躲起来，偷偷地观察，看一看是谁在海湾沿岸的淤泥上印下这些小十字和小点子。

原来，这是滨鹬干的好事儿！

在遍布淤泥的小海湾，有它们的一家小饭馆。它们有时会在这儿休息，吃点儿东西。它们迈着大长腿，在这片柔软的淤泥上走来走去，这样就留下了许多三个分得很开的脚趾印。那些淤泥上的小点子，是它们用长嘴插的，它们想吃早饭的时候，就会把长嘴伸到泥里面去寻找小虫子。

我们捉到一只鹳。它在我们家房顶上住了整整一个夏天。我们在它脚上套了一个很轻的金属环。环上刻了一行字："莫斯

科，请通知鸟类研究会，A-241195。"后来，我们把它放开，让它带着脚环飞走了。如果有人在它过冬的地方捉住它，我们就可以从报上知道，我们的鹤的冬天的住所在哪里。

森林里的树叶已全部变了颜色，开始往地上飘落了。

城市新闻

黑夜里鸟儿飞过对家鹅、家鸭是惊扰，白日里大游隼飞过对鸽子是惊吓，山鼠的反咬让小狗惊讶，到森林中采蘑菇给作者带来惊喜。城市新闻中有什么有趣的事情呢？一起到文中去看一看吧。

黑夜里的惊扰

在城郊，几乎每天夜里，家禽都会被**惊扰**。

院子里一片**乱哄哄**的，人们听见了，就从床上跳下来，把头伸到窗外去看。怎么啦？出什么事儿啦？

在下面的院子里，家禽都在使劲扑扇着翅膀，鹅咯咯地叫着，鸭子嘎嘎地吵着。是黄鼠狼来咬它们来了？或者是狐狸钻进来了吗？

可是，什么样的狐狸和黄鼠狼，能从铁门进来，钻到石头围墙里呢？

主人们仔细地检查了一遍院子，又看了看家禽窝，一切正常，什么也没有。这么坚固的锁，这么结实的门，谁也不能偷偷钻进来的。可能，只不过是家禽做了噩梦吧！现在，它们不是已经安静下来了吗？人们躺到床上，放心地睡着了。

可是，一个小时后，又传来了咯咯、嘎嘎的声音。又乱了，怎么回事儿呀？那儿又怎么了？

快打开窗户，躲起来，仔细听。星星发出金色的光芒，在黑色的夜空中一闪一闪的。一切又都静悄悄了。

快瞧，好像有一个模糊的影子从上面飞过去了，它们排着长队，把天上星星的金色的"火光"都遮住了。你听，好像有一阵轻轻的、断断续续的啸声，从那边模模糊糊地传了过来。

院子里家鸭和家鹅一下子都醒了过来。这些早已忘记什么是自由的鸟儿，此刻却莫名其妙地很冲动，它们不停地扇着翅膀，踮着脚掌，伸长脖子，凄苦地叫着。

在高高的夜空里，自由的野生姐妹们正呼唤着它们。在石头房子的上空，在铁房盖的上面，那些长着翅膀的旅行家，一群又一群地飞过，翅膀发出声音。野生的大雁和雪雁呼应着，叫喊着。

"咯咯咯！上路吧！上路吧！远离寒冷！远离饥饿！上路吧！上路吧！"

候鸟响亮的召唤声渐去渐远；而那些在石头院里，早已忘记怎样飞行的家鸭和家鹅，却还在乱喊乱叫，吵个不休。

空 袭

在圣彼得堡的伊萨基耶甫斯基广场上，在行人的面前，一出白日空袭的好戏上演了。

一群鸽子刚刚从广场上飞了起来。突然，在伊萨基耶夫斯基大教堂的圆屋顶上，一只巨大的游隼"呼"的一声飞了出来，向最边上的那只鸽子猛扑过去——眨眼间，空中鸽毛乱舞。

行人看见那群受到惊吓的鸽子，都**慌慌张张**地藏到一幢大房子的屋顶下面去了；而那只大游隼，用脚爪抓住鸽子的尸体，慢慢悠悠地飞回大教堂的顶上。

大游隼的必经之路正好通过我们城市的上空。这些强盗，喜欢把老巢建在教堂的圆屋顶和钟楼上，因为从这里观察猎物很方便。

清晨的寒气袭来了。

在一些灌木丛上，叶子好像被刀削过了一样。风一吹，它们就像雨点般飘落下来。

蝴蝶、苍蝇、甲虫都躲到属于自己的地方去了。

那些会鸣叫的候鸟，急急忙忙地穿过一片片丛林和小树林，它们已经感觉到饥饿了。

只有鸫鸟不抱怨肚子饿，它们成群结队地扑向了熟透的山梨。

寒风在光秃秃的森林里打着呼哨。树木都**沉浸**在美梦里。森林里再也听不到歌声了。

把采蘑菇的事儿都忘了

9月，我和同学们一块儿去树林里采蘑菇。在那儿，我吓跑了四只灰色的榛鸡。它们的脖子都是短短的。

接着，我看见一条死蛇，它晒得干干的，悬挂在树墩上。树墩上有个小洞，从那里传来了咝咝的叫声。我想，那应该是个蛇洞，就赶紧从那个可怕的地方跑开了。

后来，当我快走到沼泽地的时候，我看到了**有生以来**从没见过的东西：七只鹤像一群绵羊一样，从沼泽地上慢慢地升了

起来——在这之前，我只是在学校的图书里看见过鹤。

　　大家伙儿每人都采了满满一篮蘑菇，可我一直在树林里乱逛。

　　到处都有鸟儿**时隐时现**，婉转啼鸣。

　　当我们回家的时候，一只兔子从路上跑过，它的全身都是灰的，只有脖子和后脚是白的。

　　我绕开了那个有蛇洞的树墩。我们还看见许多大雁，它们飞过了我们的村庄，大声地咯咯叫着。

喜　鹊

　　春天，农村的孩子们**捣毁**了一个喜鹊巢。我从他们那儿买了一只小喜鹊。只过了一昼夜，它就开始听话了。第二天，它已经在我手里吃东西、喝水了。我们叫它"魔法师"。它习惯了这个称呼，叫它名字的时候，它立刻就会做出反应。

　　在翅膀长成了以后，喜鹊总喜欢飞到门上蹲着。在门对面的厨房里，摆着一张带抽屉的桌子。抽屉可以拉出来，里面总是放着一些食物。经常是，你一拉开抽屉，喜鹊立刻就从门上飞到里面去——急急忙忙地吃那里面的东西，有什么吃什么。拖它走的时候，它还乱叫，不肯出来呢！

　　去打水的时候，我就喊一声：

　　"'魔法师'，跟我一起去！"

　　它就落在我的肩膀上，跟我走了。

　　我们喝茶的时候，喜鹊总是第一个忙起来：又是抓糖，又是抓甜面包，有时候还把爪子伸到滚烫的牛奶里去。

　　最可笑的是，曾经有一次，我去菜园的胡萝卜地里拔草，"魔法师"蹲在地垄沟上瞧着我，好像在**询问**我在做什么。看了一会儿，它开始学我的样子，把一根根绿茎从地垄沟上拔起来，放到一块儿——它帮我除草呢！

不过，它可分不清楚杂草和胡萝卜，索性一起都揪下来。真是个"好"助手呀！

山　鼠

我们在挑土豆。忽然，在我们的牲畜栏里，有个东西沙沙地动起来。后来，跑来一条狗，蹲在这里，用鼻子闻起来。可那小兽还是**钻来钻去**。于是，狗就用爪子开始刨坑，一边刨，一边汪汪地叫，因为那小兽正朝它钻过来。狗挖了个小坑，差点儿就可以看到小兽的头了。

后来，狗又继续把这个坑挖大一些，把小兽拖了出来。小兽竟突然咬了它一口，狗急忙把它抛了出去，冲着它**愤怒**地吼

叫起来。小兽的个头有小猫那么大，一身天蓝色的毛，夹杂些许的黄色、黑色、白色。这种小兽其实就是山鼠。

秋天的蘑菇

现在，森林里到处都凄凄惨惨的——光秃秃，潮乎乎，散发着树叶糜烂的气息。唯一能让人高兴的是洋口蘑长了出来。看着它，人们心里就挺安慰的。它们有的一堆堆地聚集在树墩上，有的已经爬上了树干，有的撒在地上，仿佛过着离群索居的日子，独自在这里徘徊。

看上去让人欣慰，采起来也让人高兴。几分钟就可以采一小篮，而且可以好好挑挑，只选蘑菇的帽子。

小洋口蘑可真好，它们的帽子紧紧的，就像孩子们头上戴的那种无檐小帽，帽子下面是一条白色的小围巾。过不了几天，无檐小帽就会变成一顶真正的帽子，围巾也会变成一条小领子。

整个帽子上都长着烟熏般的小鳞片。它是什么颜色的？这很难说，反正是一种使人心情舒畅的、宁静的淡褐色。小洋口蘑的帽子下的草褶是白的，老洋口蘑是近似浅黄色的。

你是否注意到，当老蘑菇的帽檐盖到小蘑菇帽子上的时候，小草帽上就好像涂了一层粉似的？你肯定会想："或许它们长霉了吧？"但马上你就明白过来："这是孢子——从老草帽下面撒下来的。"

如果你想吃洋口蘑，你就必须记住它们的特点。市场上，人们经常会把毒草错认作洋口蘑。有些毒草也生在树墩上，很像洋口蘑。不过，毒草的草帽下没有领子，草帽上没有鳞片，草帽的颜色是鲜艳的黄色和粉红色；帽褶有的是黄色，有的是淡绿色。而孢子呢，则都是暗淡的颜色。

大家都躲起来了！

天气越来越冷了……

火热的夏天过去了……

血液都快要冻成冰了，大家都不愿意动弹，变得懒洋洋的，老是想睡觉。

长着尾巴的蝾螈，整个夏天都住在池塘里，一次都没出来过。现在，它爬上岸来，慢慢地、步履艰难地来到了树林。它找到一个腐烂的树墩，就钻进了树皮里，蜷缩着身体睡着了。

青蛙却正好和它相反。它们从岸上跳进池塘，潜入池底，钻进了淤泥深处。蛇和蜥蜴躲到树根底下，身上盖上了暖和的青苔。鱼儿成群结队游到深渊里，在那里挤在一起过冬。

蝴蝶、苍蝇、蚊子、甲虫，这些小家伙或者钻进树皮，或者钻进围墙裂缝，都藏起来了。蚂蚁堵上了所有的"大门"，它们的"城市"有一百多个出入口，现在已经全部封锁起来了。它们要到这个高高的"城市"的最里面去，在那里挤作一堆，拥成一团，就这样一动也不动地入睡了。

要挨饿了！要挨饿了！

对于那些热血动物，比如鸟儿呀、野兽呀，寒冷倒不是那么可怕。它们只要有东西吃就行，食物会使它们的身体像生了火炉一样暖和。可是，饥饿总是随着寒冷一同光临。

蝴蝶、苍蝇、蚊虫都躲了起来，于是，蝙蝠没东西吃了。它只能躲到树洞里、石穴里、岩缝里和阁楼顶上面。它们倒挂着，用后脚爪抓住某种东西，缩起斗篷似的翅膀——睡着了。

青蛙、癞蛤蟆、蜥蜴、蛇、蜗牛，全都躲起来了。刺猬躲在树根下的草穴里。獾也很少出洞了。

候鸟飞走过冬去了

秋天从天上看，看到的除了无边无际的国土，还有成群结队的鸟群。它们离开故土飞向过冬的地方，有的从东向西，有的从西往东，有的往北飞，这是为什么？云杉树高大茂盛，为什么却有时是祸害，有时是造福者？

从天上看秋天

真想从天上看看我们这片**无边无际**的国土。秋天，乘着气球升到高空，升得比静止的森林还要高，比飘动着的白云还要高，最好离地面30千米。即便是这样，你也看不见国土的边缘。当然，如果天空晴朗，没有云层遮盖大地，**视野**还是非常开阔的。

从这个高度看下去，似乎我们的整个大地都在运动，有种什么东西在森林、草原、高山和海洋的上方运动着……

啊，原来是鸟群，数不清的鸟群。

我们这儿的候鸟，离开了故乡，飞向过冬的地方了。

当然，某些鸟儿留了下来，比如麻雀、鸽子、寒鸦、灰雀、黄雀、山雀、啄木鸟和其他小鸟，除了鹌鹑以外的所有野鸡、鹞鹰和大猫头鹰。冬天，这些**猛禽**在我们这里也很少有活儿干，大多数鸟儿还是会选择离开。鸟儿从夏末就开始出发了。最先飞走的，是春天最后飞来的那一批。鸟儿的迁徙要**持续**整整一个秋天，直到河水被冻成冰为止。最后离开我们的，是春天最先飞来的那一批——秃鼻乌鸦、云雀、椋鸟、野鸭、鸥……

什么鸟往什么地方飞

你们可能在想：一群群鸟儿都是从同温层飞向越冬地，都是从北往南飞，不是吗？那你可就错了！

不同的鸟儿在不同的时间段飞走，大多数会选择夜间飞行，因为这样更安全。但是，不是所有的鸟儿都从北往南，飞到很远的地方去过冬。秋天的时候，有些鸟儿是从东向西飞。另外一些鸟儿正好相反——从西向东飞。我们这里还有一些鸟儿，直接飞到北方去过冬。

我们的专业记者发来无线电报，利用无线电广播向我们**报道**什么鸟儿往什么地方飞，长着翅膀的旅行家们在路上身体怎么样。

从西向东

红色的朱雀——金丝雀，在鸟群里聊着天——"切，一！切，一！"早在8月，它们就开始旅行了——从波罗的海海边、圣彼得堡和诺甫戈罗德，它们不慌不忙地飞着。哪儿都有食物，足够吃喝了，忙什么呀？又不是急着回家去筑巢，也不急

着养育小宝贝。

我们在它们**迁徙**的途中看到，它们飞过了伏尔加河，飞过了乌拉尔一座不高的山岭，现在它们正在巴拉巴——西伯利亚西部的草原上呢。它们一天天向东飞去，向着太阳升起的方向飞去。它们穿过一片片丛林，整个巴拉巴草原上到处是白桦树林。

它们尽可能选择夜里出发，白天休息、吃食物。虽然它们都是成群结队地飞，而且群里的小鸟都随时保持警惕，可是灾祸还会**不可避免**地发生：只要稍一疏忽，就会被老鹰捉去一两只。西伯利亚的猛禽实在太多了，比如雀鹰、燕隼、灰背隼。它们飞得太快了！每次，小鸟从一片丛林飞往另一片丛林的时候，不知要被那些猛禽捉去多少。晚上倒好一些。虽然猫头鹰很凶残，但毕竟数量不多。

在西伯利亚，沙雀会改变方向。它们要飞过阿尔泰山脉，飞过蒙古沙漠。在这艰难的**旅途**中，有多少可怜的小鸟要丢掉性命呀！一直飞到了炎热的印度——它们在那里过冬，才能放心。

Φ-197357 号铝环的简史

我们这里的一位俄罗斯青年科学家，把一只轻巧的小金属环套到了一只北极燕鸥雏鸟的脚上，铝环上的号码是Φ-197357。这件事发生在 1955 年 7 月 5 日，地点是在北极圈外白海边的干达拉克沙禁猎区。

也是这一年 7 月底，雏鸟刚学会飞行，北极燕鸥就成群结队开始它们的冬季旅行了。最初，它们经过白海海域往西南飞；然后，又向西沿着科拉半岛北岸飞；之后，又往南飞——沿着挪威、英国、葡萄牙和整个非洲的海岸飞。最后，它们绕过好望角，飞向目的地——南极。

1956年5月16日，这只脚戴 Φ-197357 号金属环的小北极燕鸥被一位澳大利亚科学家在澳大利亚西海岸的福利曼特勒城附近捉住了。从干达拉克沙禁猎区到这里的直线距离是24000千米。

这只鸟儿的标本连同脚上的金属环，一起被保存在澳大利亚彼尔特动物园的博物馆里。

从东往西

在澳涅加湖上，每年夏天孵出来的野鸭像乌云一样**铺天盖地**，还有那大群的鸥鸟，就好像白云一样飞来飞去。秋天到来时，这些大片的乌云和白云，就要向西方——日落的方向飞去。针尾鸭群和蓝鸥群已经动身飞往过冬地了。让我们坐着飞机跟着它们吧。

一阵**刺耳**的啸声，紧跟着是水的哗哗声、翅膀的扑棱声、野鸭的绝望的叫声、鸥鸟的叫喊声……你们听见了吗？

这些针尾鸭和鸥，本来打算在林中湖泊休息一下，哪知一只迁徙的游隼恰好也在这里。它发动了袭击，就像牧人的长鞭一样，抽动着空气，发出刺耳的尖啸，在已经飞到空中的野鸭背上**一闪而过**。它的小指头上面锋利的如同尖刀一样的利爪，伸向了野鸭群。一只野鸭被袭击了，垂下了长长的脖子。受伤的鸟儿还没来得及掉入湖中，那动作神速的游隼蓦地一个转身，在水面上一把把它抓住，用钢铁般的利嘴朝它后脑上一

啄——吃午饭去了。

这只游隼给野鸭群带来了无穷的痛苦。它从奥涅加湖和野鸭们同时起飞，和它们一起飞过了圣彼得堡、芬兰湾、拉脱维亚……当它吃饱了的时候，就蹲在岩石上或树上，**冷漠**地望着群鸥在水面上飞翔，望着野鸭的头在水面上朝下翻转，看着它们成群结队从水面上飞起，继续向西的漫漫旅途。那儿，有灰色的波罗的海的海水，有像黄球一样落山的太阳。游隼肚子一饿，就立刻飞快地赶上野鸭群，逮住一只野鸭来填饱肚子。

就这样，它一直跟着野鸭群，沿着波罗的海海岸、北海海岸飞行，飞过不列颠群岛。只有到了那里，这只长着翅膀的"饿狼"才能放弃对野鸭的**纠缠**。因为我们的野鸭和鸥会在这里留下来过冬。而游隼，只要它愿意，完全可以跟随别的野鸭群继续向南飞，穿过法国、意大利，越过地中海，向炎热的非洲飞去。

向北飞——飞向极夜地区

多毛绵鸭——就是为我们提供又轻又暖的鸭绒的那种野鸭——在白海的干达拉克沙禁猎区安静地孵出了它们的雏鸟。这个禁猎区多年以来一直在进行保护绵鸭的工作。为了弄清楚绵鸭从禁猎区飞到什么地方去过冬，这些绵鸭是否能够返回禁猎区、返回自己的巢穴，以及这些神奇的鸟儿的其他各种生活细节，大学生和科学家们给绵鸭戴上很轻的金属脚环。

人们已经知道了，绵鸭从禁猎区几乎是一直向北飞——飞到极夜地区，飞到北冰洋去。那里有很多格陵兰海豹，还能听见白鲸的大声**叹息**。

不久，白海就要被厚厚的冰层覆盖。冬天，绵鸭在这里什么也吃不到。它们会聚集在奥涅斯湾。这个海湾距离白海不太远，在这里可以找到艾蒿填饱肚子。它们还可以从岩石和水藻上吃水里的软体动物——水下的海螺。它们是北方的鸟儿，只要能填饱肚子就行。天气越来越寒冷了，周围都被冰层覆盖，一片黑暗。它们不害怕，它们天然的绵鸭绒大衣，一点儿寒气都不透，是世界上最暖和的。那儿还常常出现神奇的北极光、巨大的月亮、明亮的星星。就算是太阳一连几个月不从海洋里探头，又有什么关系呢？反正北极鸭觉得不错，吃得饱，穿得暖，能自由地度过漫长的北极冬夜。

林中大战 （结束篇）

　　我们的记者，找到这样一个地方——在那儿，林中种族间的战争已经结束了。

　　这个地方是一个云杉王国，是我们的记者旅行之初到过的那片砍伐地。

　　他们现在已经知道这场残酷战争的结果了。

　　大批的云杉在和白桦、白杨的肉搏战中死去。可是最后，云杉种族还是取得了这场战争的胜利。

　　它们比敌人年轻。白桦和白杨的寿命比云杉短。年老体衰的白桦和白杨，已经不能再像它们的敌人那样迅速地生长了。云杉的个头已经超过了它们，在它们头上张开了可怕的毛茸茸的大爪子，于是，喜光的阔叶树开始枯萎。

　　云杉一刻不停地成长，它们下面的树荫越来越浓。树荫下也越来越深，越来越黑暗。凶恶的苔藓、地衣、小蛀虫、木蛀蛾都在那里等着战败者，它们面临的是缓慢的死亡。

　　一年一年过去了。

　　自从人们砍光了那片阴森森的老云杉林，已经过了100年。争夺那片空地的战争又继续了100年。现在，在这个地方，又耸立着同样一片阴森森的老云杉林。

没有鸟儿在这里歌唱，也没有愉快的小野兽搬到这里居住。任何一种偶然出现的绿色小植物，都难免枯萎凋零，很快就死在阴森森的王国里。

冬天近了。每年的这段时间，林中种族都会停止战争。树木入睡了，它们睡得比洞里的狗熊还要沉，睡得好像死了一样。它们身体里的树液停止了流动。它们不吸收养分，也不再生长，只是懒洋洋地呼吸着。

听一听，寂静无声。

看一看，这是个遍布尸体的战场。

我们的记者打听到，这片阴森森的大云杉林今年冬天就将消失。按照计划，这里要变成伐木场。

明年，这里将变成一片新的**荒漠**——砍伐地。林中种族又将在这里重新开战。不过，现在我们可不能再让云杉打胜仗了。我们将干预这场可怕的永久的战争，将一些新的林木种族移到砍伐地上来。我们将密切注意它们的生长情况，必要的时候，还会在这块**密不透风**的帐篷顶上开出几扇窗户，让明亮的阳光照射进来。

这样，鸟儿就会经常在这里为我们演唱愉快的歌了。

森林中的大事

乡村日历

田野空了。丰收的庄稼刚刚收割完。人们已经能够吃上新粮做成的馅饼和面包了。

田里的谷地和斜坡上，铺满了一层层的亚麻。它们经受住了风吹、日晒和雨淋。该把它们收集起来，之后运到打谷场上了，在那里揉一揉，就可以把皮去掉了。

孩子们已经开学一个月了。现在他们已经不参加田里的劳动了。人们挖完了土豆，把它们运到了车站，或者在干燥的沙包上挖好坑，把它们**储存**起来。

菜园也空了。人们已经从垄沟上收完了最后一批叶子卷得很紧的卷心菜。

秋播的庄稼已经变得**绿油油**了。

田公鸡，也就是灰山鹑，来到秋麦田里。它们已经不是一家一户来了，而是结成很大的一群——每群有一百来只呢！

用不了多长时间，打山鹑的季节就结束了。

沟壑的征服者

在我们的田里，出现了一些**沟壑**。沟壑越来越大，已经蔓延到田里来了。村民们都被这事儿弄得很**烦躁**，我们的孩子们也跟着大人们一起着急。在一次会上，我们专门讨论，怎样可以更好地和沟壑战斗，怎样才能让沟壑停止扩大。我们清楚，为了这个目的，得栽些树把沟壑围起来，让树根抓住土壤，巩固沟壑的边缘和斜坡。

这次会议是春天开的，而现在已经是秋天了。我们专门开发了一块苗圃，培育出了大批树苗——上千棵白杨树苗、藤蔓灌木和槐树。我们现在正在移植这些树苗。

几年之后，沟壑的斜坡就会被乔木和灌木覆盖，沟壑本身也将被**彻底**地征服。

采集种子

9月，很多乔木和灌木都结出了种子和果实。这时候，最重要的事情就是赶快采集种子，越多越好。然后，把它们种在苗圃里，将来绿化运河和新的池塘。

要采集大量乔木和灌木种子，最好在它们完全成熟以前，或者在它们刚成熟的时候**采集**；而且最好在最短的时间里采完。尤其是尖叶槭树、橡树和西伯利亚落叶松的种子，采起来更是不能耽搁。

9月里开始采集的树木种子有苹果树的、野梨树的、西伯利亚苹果树的、红接骨木树的、皂荚树的、雪球花树的、马栗树和欧洲板栗树的、榛树的、狭叶胡秃子树的、沙棘树的、丁香树的、乌荆子树的和野蔷薇的。同时，也可采集克里木和高加索常见的山茱萸的种子。

我们的好想法

现在，我们都在做一件**利国利民**的大好事——植树造林。

春天，我们也过"植树节"。这个日子已经变成了一个真正的造林的节日了。我们在农场里池塘的四周栽了树苗，这样它们就不会被太阳烤干。我们还在高高的河岸上栽了树苗。为了加固陡坡，我们还绿化了学校的体育场。这些树苗都成活了，一个夏天就长大了许多。

现在，我们有一个好想法。冬天，我们这儿所有田间的道路，都会被雪掩埋。每年人们都不得不砍下整片小云杉林，把它们做成标杆，指明道路的方向，免得行人在风雪中迷路，掉到雪堆里去。

我们不明白，为什么要每年砍掉这么多小云杉。还不如在道路两旁栽上活的小云杉呢！这简直是**一劳永逸**！这样，我们的道路就不会被雪掩埋了！

于是，我们就这样做了。我们在森林边缘地带挖了许多小云杉，用篮子把它们运到路上来。

我们细心地给它们浇了水，所有小树都愉快地在新家生长起来。

农场新闻

精选母鸡

昨天，在养鸡场里，人们在挑选最好的母鸡。他们用一块平板把母鸡小心地赶到一个角落里，然后一只一只地捉住，交到专家手里。

专家抓着一只母鸡看了看，长长的嘴、细瘦的身子、小小的鸡冠，颜色淡淡的，两只**迷惘**的眼睛，那眼神好像在问："你动我干什么呀？"

专家把这只母鸡交回去，说："我们不需要这样的母鸡。"

后来，专家的手里拿着一只短嘴大眼睛的小母鸡。它的脑袋很宽，鲜艳的红色的鸡冠子倒在一边，两只眼睛散发着亮晶晶的光芒。母鸡挣扎着，咯咯咯地叫着，好像在说："撒手！马上撒手！不要赶我，不要抓我，不要打扰我！你自己不挖蚯蚓吃，还不许别人挖呀！"

"这只不错！"专家说，"这只会给我们下蛋。"

原来，下蛋的母鸡都是活泼、乐观、**精力充沛**的呀。

星期日

小学生们曾帮忙收割块根作物——甜菜、冬油菜、芜菁、

胡萝卜和香芹菜。孩子们发现，芜菁比个头最大的小学生瓦吉克·别特罗夫的头还要大。不过，最令他们**惊奇**的，是大个儿的胡萝卜。

葛娜·拉里诺娃把一根胡萝卜立在她的脚旁，这根胡萝卜竟和她的膝盖一般高！胡萝卜的上半截有一巴掌宽，这真是个巨大的家伙。

"古时候，人们大概拿它来作战。"葛娜·拉里诺娃说，"用它来代替手榴弹，向敌人扔过去。当**空手战斗**的时候，就用这种大胡萝卜往敌人的脑袋上敲——咚！"

"古时候，这么大个儿的胡萝卜根本就栽不出来。"瓦吉克·别特罗夫说。

换房间，换名字

一些小鱼——鲤鱼出生了。春天，它们的妈妈在一个很小很小的池塘里产了卵，孵出70万条鱼苗。这个池塘里没有别的鱼，就住着这一个家庭——70万个兄弟姐妹。可是，过了一周半，这里已经挤不下了。于是，它们就搬到大池塘里去住。在那里，鱼苗长大了，秋天之前就改名叫鲤鱼了。

现在，小鲤鱼正准备搬到冬季的池塘里去住。过了冬天，它们就一岁了。

把小偷关在瓶子里

"把小偷关在瓶子里。"养蜂员说。

黄蜂**强盗**们飞到养蜂场，来偷蜂房里的蜂蜜。可是，它们还没飞到蜂房，就闻到一阵蜂蜜味。它们看见养蜂场上摆着一些装蜂蜜水的瓶子。

　　于是，黄蜂放弃了到蜂房里去偷蜂蜜的想法。它们觉得，从瓶子里偷蜂蜜比较文明，而且也比较安全。

　　它们钻进瓶子里去试了试，结果立刻就中了圈套——在蜂蜜水里淹死了。

狩　猎

森林中，在智慧的对决中，动物躲过了猎人的枪口还是充实了猎人的背包？到文中去看琴鸡、大雁、麋鹿、兔子与猎人之间有怎样的惊险故事吧。

上当的琴鸡

秋天快到了，琴鸡开始聚集成群。群里有硬翅膀的黑色雄琴鸡，有浅棕黄色带斑点的雌琴鸡，也有年轻的琴鸡。

琴鸡群又吵又叫地飞下来，落到浆果树丛里。

鸟儿在地上散开了。有的在啄坚硬的红越橘；有的用脚爪刨开草，**吞食**那些碎石和细沙——它们能够促进消化，磨碎嗉囊和胃里较硬的食物。

沙沙沙……是谁发出的脚步声？是谁在干枯的落叶堆上走得那么急？

琴鸡都抬起头，**警觉**起来。

一条北极犬竖着两只尖尖的耳朵在树木间一闪而过，它向这边跑来了！

一些琴鸡很不情愿地飞上了树枝，另一些躲到了草丛里。

北极犬在浆果树丛里乱跑乱闯，把所有的琴鸡都吓得飞起来了，地上一只都没有了。

后来，它蹲到树底下，眼睛盯着一只琴鸡，"汪汪"叫了起来。

琴鸡也睁大眼睛瞪着它。没过多久，那只琴鸡就在树上蹲腻了，于是，它开始在树枝上**来来回回**地走，时不时地回头看看北极犬。

真讨厌！坐在这儿干吗？为什么还不走？想吃东西吗？……快点儿做自己的事儿去吧！那样我又可以下去啄浆果吃了……

突然，枪声响了起来，一只琴鸡掉在地上。原来，当它在那儿忙着看北极犬的时候，猎人已经悄悄走了过来，偷偷地开了一枪。于是，它就从树上掉了下来。琴鸡们扑棱着翅膀飞了起来，飞过森林的上空，向远离猎人的地方飞去了。林中空地和小树在下面闪过。躲到哪里去呢？这里是不是也藏着猎人？

在白桦树光秃秃的树冠上，蹲着几只黑琴鸡，一共有三只。就是说，落在这里肯定是安全的。如果白桦林里有人，那三只黑琴鸡是绝不会这样**安安心心**地蹲在这里的。

琴鸡群越飞越低，最后吵吵嚷嚷地落在树顶上。蹲在那儿的三只琴鸡，一动不动，像树墩一样，甚至连头都没朝它们转一转。新来的琴鸡仔细**打量**着它们。的确是琴鸡——乌黑的身体，鲜红的眉毛，翅膀上长着白斑，尾巴分叉，黑色的眼睛闪

着亮光。

一切都很正常。

砰！砰！

怎么回事儿？哪儿来的枪声？为什么有两只新来的琴鸡从树枝上摔下去了？

树顶上冒起一阵青烟，很快就消散了。可是，这里的三只琴鸡仍然像刚才那样，蹲在那里一动不动。新来的那群琴鸡也蹲在那里，望着它们。下面一个人也没有，为什么要飞走呀！

新来的琴鸡转着脑袋看了看周围，就安下心来。

砰、砰……

一只雄琴鸡像一团泥似的掉到了地上；另外一只突然向树顶上空高高

地跃起，蹿到了空中，之后又摔下来。琴鸡群**惊慌失措**地从树上飞起，还没等到那只受伤的琴鸡落到地上，就逃得无影无踪了。只有原来那三只琴鸡仍然蹲在那里，一动也不动地待在树顶。

从一间隐蔽的帐篷里走出一个拿着枪的人，他捡起猎物，然后把枪靠在树上，爬到白桦树上去了。

白桦树顶上，琴鸡的黑眼睛**若有所思**地凝望着森林上空。那黑色的眼睛一动不动，那是黑玻璃球。这些不动的琴鸡，是用黑绒布做的。只有嘴，是真正的琴鸡嘴。哦，是的，还有分叉的尾巴，也是用真正的羽毛做的。

猎人取下一只假琴鸡，从树上爬下来，又爬上另一棵树去取另外两只假琴鸡。

在远处，那群受到惊吓的琴鸡，正从一片森林的上空飞过。它们仔细瞧着每一棵树、每一丛灌木。新的危险会从哪儿来呀？去哪儿才能躲开这些拿着猎枪的人类？你永远不能提前知道他们会用什么法子来暗算你……

好奇的大雁

大雁的好奇心很强，这是每个猎人都知道的事儿，而且他们也知道没有哪种鸟比大雁更谨慎。

在离河岸一千米的浅沙滩上聚集着一群大雁。那里，走也走不过去，爬也爬不过去，乘车也过不去。大雁们把头藏在翅膀下，一只爪子缩起来，在那儿**安安稳稳**地睡大觉。

怕什么呢？它们有哨兵呢！在雁群的每一面都站着一只老雁，它们不睡觉，也不打瞌睡，警惕地看着周围。不信你试试看。岸上出现了一只小狗。那些负责警戒的老雁立刻伸长了脖子望着：这只狗要做什么呀？

小狗在岸上**跑来跑去**，一会儿跑向这边，一会儿又跑到那边，好像在沙滩上捡着什么东西。它根本没瞅这些大雁一眼。

没有什么可疑的地方。不过，有点儿奇怪的是，这只狗干吗一会儿前一会儿后的，在那儿**折腾**什么呢？得走近些，看清楚才好……

一只负责警戒的大雁，摇摇晃晃地跳到水里，向岸边游了过来。轻轻的波浪拍打着沙滩，又有三四只雁被吵醒了。它们也看见了小狗，也向岸边游来了。

游近了，这才看清楚。原来，从岸上的一块大石头后面飞出许多面包团儿——一会儿往这边扔，一会儿往那边扔，面包团儿都掉到了沙滩上。狗摇晃着尾巴，扑着面包团儿，这一跳那一跳的。

面包团儿是从哪儿来的呀？

几只雁离岸边越来越近，它们伸长了脖子，想看个清楚……这时，从石头后面突然跳出来一个猎人，一枪一个，击中了这几颗**好奇**的脑袋——把它们全部打落到了水中。

六条腿的马

大雁在田里吃东西。它们成群结队地在那儿尽情地吃，警卫们站在四周。它们不允许任何人接近它们，即使是一条狗，也不允许走到眼前。

远处，几匹马在田里散着步。大雁才不怕它们呢！众所周知，马是一种温和的食草动物，它们是不会来骚扰鸟儿的。

有一匹马，拣着地里剩下来的又短又硬的麦穗吃，不知不觉离大雁群越走越近了。不过，这也没什么。等它走到跟前的时候，起飞也来得及。

这匹马多奇怪呀，它有六条腿。真是个怪物！有四条是一般的马腿，有两条腿穿着裤子。

负责警戒的大雁发出了警报，咯咯咯地叫起来。所有大雁都抬起头来。

马还在慢慢地走近。

负责警卫的大雁扇动翅膀，飞过来**侦察**。

它从上面发现，一个人躲在马后面，手里还握着一把枪呢！

"咯咯咯！快逃呀！快逃呀！"侦察员发出**催促**大家逃跑的信号。

整群雁一下子扑扇着翅膀，扑棱棱从地面上飞起来。

沮丧的猎人在它们后面一连开了两枪。可是太远了，霰弹已经打不到它们了。

雁群得救了。

喇叭声

每天晚上这时候，森林里都会传来麋鹿挑战的号角声。

"谁不想活了，就出来和我厮杀吧！"

一只老麋鹿从它那长满青苔的洞穴里站了起来。它宽阔的犄角带着13个分叉，它身长约2米，体重有四百多千克。

谁敢向这位林中的无敌大力士挑战！

老麋鹿**气势汹汹**地赶过去应战。它那笨重的蹄子，深深地

踩进湿漉漉的青苔里，把挡路的小树都踏断了。

从对手那里，又传来了挑战的号角声。

老麋鹿用可怕的吼声回应着对手。这吼声可真吓人——琴鸡听到了，惊慌失措地从白桦树上逃走了；胆小的兔子听到了，吓得从地上一跳，拼命冲到密林里去。

"看谁敢……"

它眼睛里布满血丝，也不分辨道路，径直向着声音传出的地方冲了过来。树林已经开始变得稀疏起来，前面出现了一片空地……啊！原来在这里呀。

它从树后飞一般向前冲去，想用犄角一下把敌人撞死，或者用沉重的身体把敌手压死，用锋利的蹄子把敌手踩烂。直到枪声响起，老麋鹿才看见，树后那个拿枪的人腰里别着一个大喇叭。

老麋鹿拔腿往密林里逃，身体摇摇晃晃的。它虚弱极了，伤口不断地流着血。

可以打兔子了

猎人们出发了。

按照传统，10月15日的报上登出了公告：可以猎兔了。

和8月初一样，打猎的人群把车站挤得满满当当的。他们还用皮带牵着猎犬，有的人牵着两只或更多。可是，现在这些狗已经不是夏天时带的那种长毛猎犬了。现在，这些狗又大又健康，腿又长又直，身上长着各种颜色的粗毛：有紫色的，有淡黄色的，有黑色带黄斑的。

这是一些特种雌猎狗和雄猎狗。它们的任务是，根据动物留下的痕迹追踪野兽，把野兽从洞穴里赶出来。它们一面追，一面汪汪地大叫，这样，猎人就能够知道野兽怎样走、怎样兜圈子了，于是可以站在野兽**必经之地**等着，对它迎面射击。

在城市里养这些粗野的大猎狗很困难。很多人根本没狗可带，我们这一伙人就是这样。

我们出发去塞索伊奇那儿打兔子。

我们12人占据了车厢里三个包间。所有的旅客看到我的一个同伴的时候都很吃惊，他们微笑着，小声地互相交谈。

我们这个同志，也的确有看头：他是个大号的"巨人"，很胖，胖得连门都进不来。他的体重是150千克。

他不是猎人。医生曾**嘱咐**他，叫他多出去散散步。他是个打枪好手，打起靶来，我们都不如他。他为了散步散得有意思，就决定跟我们一块儿去打猎。

围　猎

晚上，在一个很小的森林车站里，塞索伊奇来迎接我们。我们将在他家里过夜，第二天天亮的时候就要出发。塞索伊奇找了12个村民，让他们帮着在围猎的时候**呐喊**。

我们在森林边上停下来。我在纸片上写了号码，把它卷起来，放在帽子里。我们每个人按次序抽签，抽到第几号，就站在第几号的位置。

呐喊者都走到森林外面去了。在宽阔的林间路上，塞索伊奇按照各人的号码，给我们指明了藏身的地方。

我抽到6号，胖子抽到7号。给我指明了藏身的地方后，塞索伊奇就给新手讲起了围猎的规矩：沿着狙击线开枪，会打到旁边的人；当呐喊者的声音很近时，就要停止射击；不许射杀那些禁止猎杀的动物；要等待信号。

大胖子离我60步远。猎兔可不像猎熊。猎熊时，两个枪手之间可以隔150步远。塞索伊奇在狙击线上批评人的样子可挺可怕的，我听见他在**教导**大胖子："你干吗往灌木丛里爬呀？这样开枪多不方便呀！过来，和灌木并排站着，就这儿吧。兔子的眼睛是往下面的。您的腿——原谅我这么说——好像两个树墩子。您要把腿拉开点儿。很显然，兔子会从你的"树墩"中间钻过去。"

塞索伊奇把所有的枪手都安排好以后，就上了马，到森林外面去**布置**其他人了。

围猎要等好久才能开始。我仔细地观察着周围。

在我的面前，离我40步远，赤杨和白杨像一堵墙那样立在我面前，白桦树的叶子已经掉了一半了，林中还长着一些黑色的云杉。可能过一会儿，就会有兔子、琴鸡从森林深处穿过这些由**笔直**的树干形成的林子，向我这边跑来。如果运气好，也许还会有带翅膀的大松鸡飞来。难道我会打不中吗？

每一分钟都像蜗牛爬行一样。不知道大胖子感觉怎么样。

他来来回回地换着脚。对，哈，他是想把腿叉得更像树墩一些……

突然，从寂静的森林外，传来了两声又长又响亮的号角声，塞索伊奇下命令了，他在催促呐喊队伍向前，也就是向我们这个方向推进。

大胖子抬起了那对"火腿"胳膊，举起双筒枪，就像举着一根小手杖一样，瞄着前方，一动也不动。

他可真奇怪！准备得这么早——胳膊不累呀？

呐喊的声音还是没有传来。

枪声已经响起来了，沿着狙击线，先是右面响起了一声枪响，接着又从左面响了两枪。别人都开始放枪了。可是，我还什么都没做呢。

大胖子也用双筒枪发射了——乒乒！他在打琴鸡，可是琴鸡高高地飞起来，逃走了——没打着。

现在，呐喊者微弱的呼应声、木棍敲打树干声，已经**隐隐约约**地传来了。两翼也传来了叮叮当当的锣声……可是，没有什么东西冲我飞来，也没有东西向我这里跑过来。

来了！一个白里透灰的小家伙，在树干后面时隐时现，原来是一只还没褪完毛的白兔。

哎，这是我的！嘿，小家伙，拐弯了！朝大胖子蹿过去了……哎，大胖子，你动作怎么那么慢呀？快打呀！打呀！

乒！没打中……

白兔惊慌地直接冲向他。

乒！

一团白色的东西从兔子身上甩出来。兔子吓得惊慌失措，竟然从那**树墩**似的两条腿当中钻了过去。大胖子赶紧把两腿一夹……

难道有人用腿捉兔子吗？

白兔钻了过去。大胖子那巨大的身躯却整个倒在了地上。

我笑得**前仰后合**，眼泪都出来了。透过泪水模糊的双眼，我看见有两只白兔一同从森林里蹿到我的面前。但是我不可以开枪，因为兔子是沿狙击线逃跑的。

大胖子慢慢地屈起膝盖，跪着站了起来。他给我看他手里抓着的一团白毛。

我对他喊道："没事吧？"

"没关系，尾巴尖还是让我给打下来了。兔子的尾巴尖！"

真是个怪人！

射击停止了。呐喊的人们从森林里走出来了，大家都聚到了大胖子身边。

"叔叔，你是神父吗？"

"肯定是，你看他的肚子。"

"这么胖！真不敢相信。一定是衣服里塞满了野味儿，所以才这么胖。"

可怜的射击手呀！在城里，在我们的打靶场上，谁会相信这样的事儿！

这时候，塞索伊奇已在催促我们进行新的**围猎**——田野围猎。

我们这一大群人**吵吵嚷嚷**，沿着林中路往回走。我们的后面是一辆大车，满载着猎物和大胖子。他很疲劳，不住地在车上喘着粗气。

猎人们对这可怜虫才不留情呢，一路上都在拿他开玩笑。

忽然，在路拐弯后，一只大黑鸟飞了起来，已经飞到森林的上空了，它的个头有两只琴鸡那么大。它沿着道路飞，正好经过我们。

大家都急忙端起枪，密集的枪声响遍了森林，每一个人都**迫切**地想把这只少见的猎物打下来。

大黑鸟还在飞着，已经飞到大车的上空了。

大胖子也举起了枪，依旧是那对"火腿"胳膊举着那只小手杖。

他开枪了！

大家看见大黑鸟像只假鸟一样，在空中一愣，突然停止了飞行，像块短木头那样从空中掉到了路上。

"好，好枪法！"一个猎人说，"简直是个神枪手呀！"

我们这些猎人都不好意思地沉默着：所有人都开枪了，所有人也都看见了……

大胖子拎起这只长着胡子的雄松鸡，嘿！比兔子还要沉呢。如果他愿意，我们每个人都乐意把今天的猎物给他，和他交换这只野禽。

冷嘲热讽结束了。大家甚至都忘记了他是怎样用腿捉兔子的了。

全方位无线电通报

> 秋天来了，苔原和原始森林、沙漠和高山、草原和海洋有什么样的景象呢？让我们跟随无线电通报去文中看一看吧。

注意！注意！

这里是圣彼得堡《森林报》编辑部。

今天，9月22日，是秋分日。我们继续无线电通报。

呼叫苔原和原始森林、沙漠和高山、草原和海洋，都请注意！

请谈一谈，你们那里的秋天现在是什么情况。

这里是乌拉尔原始森林

我们正忙着迎送客人，送走一批来一批，送走一批又来一批。我们在迎接鸣禽、野鸭和雁，它们从北方、从苔原来到我们这里。它们是路过我们这儿，停留的时间不长。今天你还看到它们休息，吃东西；明天你再去，它们已经不在了。半夜里，它们就已经**不慌不忙**地出发了。我们正欢送在这儿过夏的鸟儿。大部分候鸟都已经踏上了遥远的秋天的旅程，去**追寻**那已经逝去的阳光，到温暖的地方去过冬了。

风从白桦、白杨和花楸树上吹掉发黄的、变红的叶子。金黄色的落叶松的针叶已变得柔软而粗糙了。晚上，金黄色的树枝上，会飞来一些蠢笨的、长着胡子的雄松鸡。它们浑身乌黑，蹲在金黄色针叶间大吃大喝。琴鸡在黑黢黢的云杉间尖声叫着。这里飞来了许多红胸脯的雄灰雀、淡灰色的雌灰雀、深红色的松雀、红脑袋的朱顶雀和角百灵。这些鸟也是从北方飞来的，但是它们不再继续往南飞了，这里就很好。

田野已经空了，在**晴朗**的日子里，微风缓缓地吹着，细长的蜘蛛丝在田野上空飞着。最后一批三色堇还在努力生长。灌木丛上挂着许多鲜红漂亮的小果实，像中国的小灯笼一样。

挖土豆的工作快要结束了，我们正在菜园里收割最后一批蔬菜——甘蓝。我们把它装了满满一地窖，准备过冬。我们还在原始森林采集了杉松的坚果。

小野兽们并没有落在我们后面。细尾巴的小地鼠——金花鼠——背上有五道刺眼的黑条纹，它把许多杉松的坚果拖到洞里去了。它还在菜园里偷了很多葵花籽，装了满满一仓库。棕红色的松鼠把蘑菇放在树枝上晒干。它们都在换装，穿上了淡蓝色的"小皮袄"。森林里的长尾鼠、短尾野鼠和水老鼠，都在往自己的仓库里搬运着各种各样的食物。森林里长着斑点的乌鸦——星鸦——都在搬运榛子，藏到树根底下去，准备晚上的时候吃。

熊找到了一个地方**安家落户**，它正在用爪子撕扯着云杉树

的树皮，准备做褥子。

大家都在准备过冬，大家都在辛勤地工作。

这里是乌克兰草原

一些**活蹦乱跳**的小球，沿着被太阳晒焦的平坦草原奔跑，跳跃。它们飞了过来，把人包围住就往人的脚上砸。可是，你一点儿都不痛，因为它们是那么轻。它们根本不是什么球儿，而是圆圆的草，长着干干的茎，茎端向周围翘着。现在，它飞过了土墩和石头，飞到小山包的后面去了。

这是风把一丛丛成熟的风滚草连根拔了起来，在草原上推着它们跑，就像滚轮子一样。在滚动的过程中，它们把种子撒播出去。

用不了多久，热风就要停止在草原上散步了。保护农田的森林带已经耸立起来了。它们将**挽救**我们的收成，使庄稼不被旱灾毁掉。灌溉渠已经在伏尔加河—顿河运河上打通了。

现在，我们这儿正是打猎的好时节。沼泽地里的野禽和水禽——有本地的，也有路过的——像一大片乌云那样聚集在草原湖的芦苇中。一群群肥胖的小鹌鹑，聚集在峡谷里或没有割过草的地方。草原上兔子可真多呀！全都是带着棕红色斑点的大灰兔，我们这儿没有白兔。狐狸和狼也很多。你愿意用枪打，就用枪打吧！愿意放狗捉，就放狗捉吧！

在城里的市场上，西瓜、香瓜、苹果、梨、李子都堆成了小山。

这里是沙漠

我们这里正在过节。和春天一样，这里的生活丰富多彩。

难以忍受的酷热退去了，雨一直滴滴答答下个不停。空气又清新又宜人，远处景物的**轮廓分明**。草又重新披上了绿装。以前藏起来躲避夏天太阳的动物，又出来了。

甲虫、蚂蚁、蜘蛛都从地下钻了出来。细爪子的金花鼠也从深洞里钻出来，它拖着长长的尾巴，像小袋鼠似的蹦蹦跳跳。睡了一夏天的巨蟒也醒了，正在捕捉它们呢。猫头鹰、草原狐、沙漠猫也出来了，人们都不知道它们是从哪儿冒出来的。腿快的羚羊——**体态轻盈**的黑尾羚羊、弯鼻羚羊——在沙漠里来回奔跑。鸟儿也飞来了。

又和春天一样，沙漠已经不再是荒漠了：这里有的是绿颜色，有的是生命。

我们沿着沙漠前行。

我们将在这里种上几千公顷的防护林。这些树林将保护田野免遭那些来自沙漠的热风的**侵袭**，而且，以后我们还要进一步征服沙漠。

这里是雅马尔半岛苔原

我们这儿一切都结束了，你再也听不见大鸟的叫喊声和悬崖上小鸟的啾啾声了。可是，夏天的时候这里还是一个**热闹**的鸟儿集市。现在，小巧玲珑的鸣禽也离开了我们；雁呀、野鸭呀、鸥呀、乌鸦呀，也都飞走了。到处都静悄悄的。偶尔传来一阵可怕的骨头相撞的声音，这是雄鹿在打架呢。

还是在8月的时候，早晨就开始变冷了。现在，所有地方的水都被冰封了起来。捕鱼的帆船和机动船，早就走了。轮船停驶了，现在，笨重的破冰船正在坚固的冰原上**劳劲**地为它们开出一条路。

白天越来越短；夜越来越长，又黑又冷。几只白色的苍蝇还在空中来来回回地飞着。

这里是山峰，是世界的屋脊

我们这里的帕米尔高原是那么高，人们都叫它"世界屋脊"。有的山峰甚至超过七千米，已经长到云彩里去了。

在我们国家，同一个时间，既有夏天，也有冬天：山下是夏天，山上是冬天。

可是，现在秋天来了。冬天从白云里的山峰上开始下降，从上向下把生命赶下来。

首先动身的是野山羊——山里的野羊。夏天的时候，它们还住在寒冷的**悬崖峭壁**上，现在它们下山了。它们没有东西吃了，那里所有的植物都被雪埋了起来，冻死了。

山上的绵羊也开始从它们的牧场往山下走来。

在高山草场上，那些肥大的土拨鼠也不见了，夏天的时候在这里还能看到很多呢。现在，它们已经退到地下去了，它们把自己养得**肥头肥脑**的，然后挖个地洞躲起来，再把洞的入口用硬塞子堵起来。

野猪在胡桃树、阿月浑子树和野杏树的丛林里生活着。

在深深的**峡谷**谷底，突然出现了一些鸟儿，夏天在这里可从来没有见过它们：角百灵、烟灰色的草地鹨、红背鸲、神秘的蓝鸟——山鸫。

这里很温暖，食物又多，很多鸟儿都成群结队飞来了。

在山下面，现在常常下雨。看着这一场场的秋雨，我们知道，冬天离我们越来越近了——可能山上正在下雪呢！

人们在田里收棉花，在果园里摘水果，在山坡上摘胡桃。

山顶上的道路早已被积雪覆盖，无法通行了。

喂！喂！这里是太平洋。

我们沿着北冰洋的冰原航行，穿过亚洲和美洲之间的海峡，进入了太平洋。在这里——白令海峡，然后在鄂霍次克海，我们开始越来越频繁地遇到鲸鱼。

世界上竟然有这样惊人的野兽！你想想看，它们的个头有多大，身体有多重，力气有多大。

我们看到一条鲸——露脊鲸或者是长须鲸——被人拖到一艘捕鲸船的甲板上。这条鲸长 21 米，要是把大象**首尾相连**，至少也得需要六头。它的嘴里可以容得下一艘木船，还能将划船的人放进去。

单是它的一颗心脏，就有 148 千克重，抵得上两位成年人的体重。它的总重达 55 吨！

如果做一架巨大的天平，把这条鲸放在一个天平盘里，那么，另一个天平盘里得站上1000人，才能使两个盘**持平**。也许这还不够呢，何况这条鲸还不是最大的。有一种蓝鲸，体长可达33米，体重可达100多吨……

它们的力气是那样大：即使被带绳索的标叉叉住，它们也能拖着捕鲸船跑上一昼夜；如果它们潜进水里去，那可就更危险了——轮船也会被它一起拖进水里去。

我们在白令海峡附近看见了海狗；在铜岛附近看见了大海獭，它们正带着自己的孩子玩耍呢。这些为我们提供了珍贵毛皮的野兽，以前几乎被日本和沙皇俄国的强盗们杀尽了，后来由于政府**严令保护**，它们的数量才得以快速增长起来。

可是，在我们看到了鲸之后，这些野兽都变得很小很小。

现在是秋天，鲸离开了我们，游到**热带**的温水区去了。它们将在那里生育。明年，鲸妈妈将要带着它们的孩子游向我们，游向太平洋和北冰洋。就连那些吃奶的小鲸，也比两头牛还要大呢。

在我们这里是不允许打小鲸的。

我们全国各地的无线电通报，就在这里和您说再见了。

下一次通报，也是最后一次通报，将在12月12日进行。

粮食储备月

秋天有七种天气，当最后一种天气扫尽落叶之后，严寒就在等待机会冰冻大地和水，无处藏身和觅食的小动物们会用怎样的方式储存食物准备冬眠呢？

10月21日到11月20日　太阳走进天蝎宫

一年中12个月的欢乐诗篇——10月

10月——落叶，泥泞，冬伏。

"落叶风"从森林里扯下了最后几片枯叶。阴雨天持续了好几天。一只乌鸦湿漉漉、孤单单地蹲在篱笆上，显得那么**落寞**，我们知道，它很快要上路了。在我们这里度过整个夏天的灰乌鸦，已经悄悄地飞往南方了；而一批生在更北方的灰乌鸦则悄悄地飞来了。原来，灰乌鸦也是候鸟。在**遥远**的北方，灰乌鸦跟我们这里的白嘴鸦一样，都是最后才飞走的鸟儿。

做完第一件事——给森林脱去夏装之后，秋又开始做第二件事：把水变得越来越冷。每天早晨，草地上都会覆盖上一层松脆的薄冰。和天空中一样，水里的生命也越来越少。那些夏天里曾经在水上盛开的花儿，早就把种子沉入水底，把亭亭的花茎缩回水下。鱼儿们游到了水下的深坑里过冬，因为在那儿，即使冬天天气再冷也不会结冰。软尾巴的蝾螈，在池塘里住了整整一个夏天，现在它也从水里钻了出来，爬上陆地，去树根下青苔覆盖的地方过冬。水面都被冰封起来了。

在陆地上，那些冷血动物都被冻僵了。而昆虫、老鼠、蜘蛛、蜈蚣什么的，都不知藏到什么地方去了。蛇爬到了干燥的坑里，把自己盘成一团，很快就被冻僵了。蛤蟆钻到烂泥里，蜥蜴躲到被脱落树皮覆盖着的树根处，开始在那里冬眠了。野兽们有的穿上了更加暖和的皮大衣，有的把自己洞里的小仓库贮满粮食，有的正在为自己寻找温暖的巢穴。所有的动物都在积极准备迎接接下来的寒冷……

秋天的天气有七种：播种天、落叶天、毁坏天、泥泞天、狂风怒号天、倾盆大雨天，还有一种扫叶天。

准备过冬

严寒暂时还没有进一步加剧，但可不能大意呀。只要一有机会，它会瞬间就把大地和水都冰冻起来。那时去哪儿找食物，又到哪儿去藏身呢？

森林里的每一只动物都在按照自己的方式准备过冬。

忍受不了饥饿和寒冷的鸟儿，都扇动翅膀飞往南方温暖的地方去了；留下来的，都在急急忙忙准备着过冬的粮食，填满自己的仓库。

其中，干得最起劲的是短尾野鼠。它们把洞直接挖在农民的禾草垛里或粮食垛下面，每天夜里不停地往那里偷运粮食。

每一个洞都由五六个小过道互相连接，每一个过道都通向一个洞口。地底下还有一个卧室和几个小仓库。

冬天，野鼠要到天气最冷的时候才开始睡觉，因此它们储存了大量粮食，准备冬眠之前吃。有些野鼠洞里，甚至已经收集了四五千克精选的谷粒。

这些小啮齿类动物专门在田里偷粮食，所以我们得防备这些**祸害**庄稼的小东西。

年轻的过冬者

树木和多年生的草本植物，都在准备着过冬。一年生的草本植物则已经准备好了自己的种子。并不是所有的一年生草类都用种子的形式过冬。它们有的会采取发芽的方式。很多一年生的杂草，会在翻过土的菜园里生长起来。我们可以看到，在荒凉的黑土地上，有一簇簇像小锯条似的芥菜叶子；还有像荨麻似的，紫红色、毛茸茸的野芝麻小叶子；还有**小巧玲珑**的香母草、三色堇、犁头菜；当然，还有讨厌的繁缕。

这些小植物都努力准备度过冬天，在雪下面生活到明年春天。

谁来得及

雪地上长着有很多枝杈的椴树，像是在森林里**散落**着的一些棕红色的斑点，很容易同周围的树区别开来。但呈现出棕红色的并不是它们的叶子，而是靠近坚果的像小舌头似的翅膀。

椴树的树杈上，到处都结满了这种带翅膀的小坚果。

不是只有低矮的椴树才有这样一套衣裳。瞧，那边高大的椴树不也是这样吗？树上挂满了坚果呀。这些坚果**细细长长**的，密密麻麻地挂在树上，看起来就像一颗颗小豆荚一样。

但其中最漂亮的还是山梨树。直到现在，山梨树身上还挂满一串串**鲜艳夺目**的、沉甸甸的浆果呢！同样挂着浆果的还有小檗树。

桃叶卫矛的果实，美丽得让人赞叹，即使在秋天里它仍然那么漂亮，简直就像一朵朵长着黄色雄蕊的玫瑰花。

有的乔木在冬天来临之前还没做好**传宗接代**的准备。

在榛子树上，可以看见一簇簇风干了的菜荑花序，花序上面还藏着一些带翅膀的榛子。

赤杨的黑色球果还没有成熟落地。而白桦树和赤杨已经为明年春天做好了准备，那就是它们长出的菜荑花序。春天一到，这些菜荑花序就会被拉长，透过上面薄薄的鳞片结出花蕾。

榛子树上的菜荑花序，看起来非常肥厚，每根树枝两侧都对称地长着两对红灰色的花序。不过，在榛子树上早已找不到榛子了。榛子树已经做好了跟它的后代告别的准备，也做好了春天来临之前的一切安排。

尼·巴甫洛娃

储藏蔬菜

短耳朵水鼠夏天就住在自己建起来的别墅里。别墅坐落在小河边，里面还有一间地下室。地下室的过道从"房门口"斜着向下，直通到小河里。

现在，水鼠已经为自己准备好了一间舒适而又暖和的冬季住宅，这个住宅离水较远。它建在一个长着很多草墩的草场上，里面有很多条一百多步长的过道，一直通到住所里来。

这套住宅还有间卧室，里面铺满了柔软而暖和的草，而卧室就建在一个很大的草墩的正下面。

储藏室和卧室之间，由特别的过道连接起来。

储藏室里东西的摆放都有严格的规矩。水鼠从田里和菜园里偷来的豌豆、蚕豆、葱头和马铃薯等，都被分门别类整齐地摆放在储藏室里。

松鼠的晒台

松鼠在树上筑了几个圆圆的巢，它选择其中一个圆巢做仓库，把在林子里收集来的小坚果和球果摆放在里面。

除此之外，松鼠还采集了一些蘑菇——油蕈和白桦蕈。它把蘑菇穿在折断了的松枝上晒干。到了冬天，它就可以在找不到食物的时候用干蘑菇充饥了。

活的储藏室

姬蜂给它的孩子找到了一个神奇的储藏室。

姬蜂振动翅膀的速度很快。它的一双眼睛长在向上卷起来的触角下，非常敏锐。它还有一个非常纤细的腰，把它的胸部和腹部分成两截；腹部下面的尾巴尖处，有一根又细又直的尾针，就像我们用来缝衣服的针。

夏天，姬蜂找到一条又肥又大的蝴蝶幼虫，立刻扑上去，把尾尖刺进幼虫的身体里。幼虫晕了过去，于是姬蜂在幼虫身上钻了个小洞，并在这个小洞里产下了一个卵。

姬蜂飞走后，蝴蝶幼虫很快就从惊吓中清醒过来，很快它又开始**若无其事**地吃树叶。秋天来临的时候，幼虫结了茧，变成了蛹。

这时，在蛹的里面，姬蜂的幼虫也从卵里孵出来了。这只坚固的茧看起来又暖和又安全，而且里面的食物足够姬蜂幼虫吃上一年了。

当夏天再来临的时候，茧被打开了，可是，从里面飞出来的并不是蝴蝶，而是一只身子又细又长、全身呈现黑、红、黄三种颜色的姬蜂。姬蜂是我们人类的朋友，因为它们是许多害虫幼虫的天敌。

自己就是储藏室

许多野兽并不会特意给自己安排一个储藏室，因为它们本身就是储藏室。

在秋天这几个月里，它们本着想吃多少就吃多少的原则，使劲把自己吃得**肥肥胖胖**的。布满全身的脂肪就是它们的储藏室。脂肪就是它们用来过冬的食物。脂肪在皮下积成厚厚的一层。寒冬里它们找不到东西可吃的时候，脂肪就会透过肠壁，渗到血液中去。血液再把养料输送到整个身体，足可以使它们不被饿死。

熊呀、獾呀、蝙蝠呀以及其他大大小小的野兽，都是这样做的。这样，整个冬天它们都可以安心地**埋头大睡**，因为它们体内的脂肪在不停"燃烧"着，使寒气不致渗透到身体里面去。

贼偷贼

森林里的长耳猫头鹰是个狡猾的惯偷，可是它自己竟被另一个贼给偷了。单从外表上看，长耳猫头鹰长得和雕鸮差不多，只是小了一号。它的嘴巴像个钩子，几撮羽毛在头上竖起来，一双眼睛又大又圆。不管夜有多么黑，这双眼睛什么都看得见，它的耳朵什么都听得清。

老鼠在枯叶堆里刚刚发出窸窸窣窣的响动，长耳猫头鹰就已经近在眼前。只听"嗖"的一声，老鼠就已经魂飞天国了。小兔在空地上一闪而过，这个夜间强盗就已经飞到它的上空，又是"嗖"的一声，兔子已死在了它的一双利爪之下。

它喜欢把死老鼠拖回自己的树洞里去。即使自己不吃，也不留给别人吃。就这样一直留着，等冬天找不到东西时再吃。

白天，它就待在树洞里，守着自己储存的食物；夜里，则飞出去打猎。期间它还常常飞回树洞，去看看自己的东西还在不在。

有一天，它突然注意到，自己储备的食物好像有少的迹象。它的眼睛相当敏锐，所以，虽然它根本不会数数，但可以用眼睛"盘算"食物的体积。

一天，当黑夜再次降临，饿了一天的猫头鹰像往常一样飞出去打猎。

等它回来一看，树洞里一只老鼠都没有了，只剩下一只长度和老鼠差不多的灰色小兽，趴在那里一动不动。

它立刻想用爪子抓住那只小野兽，好好审问一番，可是，小野兽早已快速蹿过树洞底下的一条裂缝，飞也似地跑远了。它嘴里竟然叼着一只小老鼠呢！

猫头鹰紧追了过去，差不多要追上了，可是，它定睛一

瞧，就立刻决定放弃与敌人争夺老鼠的想法。原来，这个小偷竟是只凶猛的伶鼬。

伶鼬专靠抢劫为生。虽然它看起来是比较小的小兽，可是既勇敢又灵活，所以连猫头鹰也不放在眼里。要是谁被它一口咬住胸脯，可就甭想再挣脱了。

小路初白月（冬季第一月）

十二月，无边的白雪与动物们的沉寂都将悄然而至，预示着冬天的到来。白雪覆盖下的冬天就像是一本被尘封的书，它下面有好多小动物的故事正在诉说，让我们翻开书页，一起来看一看吧。

12月21日到1月20日　太阳走进摩羯宫

一年中12个月的欢乐诗篇——12月

12月——严寒。12月铺设冰板，12月钉上银钉，12月冰封大地。12月——一年结束，冬天开始。

凝水成冰的工作已经结束了，连**汹涌**的河流都被冰冻了起来。大地和森林披上了雪被。太阳躲到乌云后头去了。白昼越来越短，黑夜越来越长。

在白雪下面埋藏了多少尸体呀！一年生的草本植物按时长

成了，它们开花、结果，然后枯萎，重新落入大地——那曾经是它们出生的地方。很多一年生的动物——无脊椎小动物——也都按时结束了生命。

但是，植物留下了种子，动物产了卵。到了固定的时间，太阳将像童话中的王子挽救死去的公主那样，用吻来唤醒它们的生命。它将从泥土里重新创造出生物体。至于多年生的动植物，它们有能力在漫长寒冷的冬天里保存自己的生命，等待新的春天降临。现在冬季还没用尽全力，太阳每年的生日——12月23日——却已临近了。

太阳将要返回。它回来时，生命将复活。

但无论怎样，还是先把冬天熬过去吧。

冬　书

大地穿上了雪白的冬装。田野和林间空地，宛如一本巨书里空白的书页那样整洁、干净。如果有谁经过这里，那么这本巨书上就一定会留下它的签名："某某到此一游。"

白天降雪过后，书页又变成洁白无瑕的了。

如果清晨的时候你出来走走，那么你就会发现一些稀奇的神秘符号——逗号、冒号、顿号，出现在这张洁白的书页上。这意味着什么呢？你猜对了，这当然代表的是一些森林的居民来过这里，或许它们只是在这里走走，或者跳了一会儿，反正是在这里做了些事情。

那么，是谁来过？它又做了些什么呢？

快点儿研究一下这些符号吧！快点儿读出这些神秘的字母吧！不然，另外一场大雪会不期而至，这洁白的书页就会被翻过，你眼中的雪书又将变成洁白无瑕的了。

谁——怎样去读？

在冬书里，林中居民签字的风格是不一样的——笔迹不同，符号不同。如果有人来读这本冬书，那肯定是要用眼睛去读的——当然啦，不用眼睛怎么读呀？

可是，有些动物偏偏不用眼睛读，比如狗，它就能用鼻子读出冬书上的字母。你看，它用鼻子闻一闻这些符号，就会读懂：这里有狼或者兔子刚刚跑过去。

野兽的鼻子可谓**学识渊博**，读起这些冬书上的字来可是一点儿错误都没有。

谁——用什么写？

更多的时候，野兽会选择用四肢写字。有的写成爪字，有的写成蹄字。还有一些特殊字体，比如尾巴字、鼻子字，或者肚皮字。

鸟儿通常的字体就是爪字和尾巴字，当然，有的还会写翅膀字。

普通信和狡猾的信

我们的森林记者已经掌握了阅读这本冬书的本领，他会从里面读出**各种各样**的故事。这可是一门复杂的科学，要正确地读出来可不容易，因为有的森林居民很狡猾，它们签名的时候竟然还**耍花招**。

不过，松鼠还是比较老实的，它的签名很容易就能认出来：它在雪地上跳跃着走，就像是玩跳背游戏一样。它前爪着地，后腿伸开，因为前爪较短，后腿较长，所以每次跳跃都会蹦出好远；而且，前脚印很小，可能形成两个圆点，排在一起。后脚印像长着细细的手指的手掌那样分开。

老鼠的字迹虽然又小又模糊，可是也属于普通字体，还是比较容易分辨的。它的奔跑习惯是：出洞后先绕圈子，之后才**径直**朝目的地跑过去。有时，它回洞的时候也会留下这样的痕迹。它在雪地上留下的笔迹是一些长长的冒号，每两个冒号之间距离相等。

鸟的笔迹也很容易读懂。就拿喜鹊来说吧，它的脚上有四个脚趾，前三个脚趾签名的时候是个小十字，长在后面的第四个脚趾是一个破折号；翅膀的签名像用手指印那样印在小十字的侧面。有时候，它那长长的**错落有致**的尾巴也会在冬书上添上一笔。

这些痕迹都很诚实，让人一看就明白：这里有一只松鼠从树上跳下，在雪地上玩耍，又重新跳回树上；那里是老鼠钻出雪面，跑着兜圈儿，又重新钻回雪下；而旁边呢，是喜鹊在坚硬的积雪上这儿蹦蹦、那儿蹦蹦，尾巴和翅膀扫了扫雪面后就拜拜了。

可是，如果狡猾的狐狸在冬书上写字，那**识别**起来可就麻烦了。如果你没有习惯它的写法，那么你就别想读明白了。

尼·巴甫洛娃

小狗和狐狸，大狗和狼

如果你仔细观察，就会发现狐狸的脚印和小狗的脚印很像。严格地说，它们的脚印还是有那么一点儿区别的。狐狸把脚掌缩紧的时候，几个脚指头可以并得很拢。可是，狗的脚指头即使缩着，看起来也是张开的，因此踩到地上的时候，它的脚印看起来浅一些，不够清楚。

而狼的脚印和大狗的脚印较为相似，但它们的脚印也还是有那么一点儿区别：狼的脚掌两侧边缘是向里面长的，因此狼的脚印要比狗的狭窄一些，看起来挺秀气。此外，狼脚爪和脚掌心上那几块小肉疙瘩，踩在雪上会印得更深一些。狼的前脚爪印和后脚爪印之间的距离，比狗脚爪印间的距离要大一些。

狼的花招

当狼步行前进，或者一路小跑的时候，它的右后脚爪总是**丝毫不差**地踩在左前脚爪的脚爪印里，左后脚爪也总是毫厘不差地踩在右前脚爪的脚爪印里，就像精确计算好的一样。因此，它的脚爪印在雪地上总是一条笔直的线，好像有一条直直的绳子系在那儿，它就沿着绳子或走或跑。

当你看到这样一行脚印，可能会立刻联想到曾经有一只身强体壮的狼从这里走过。这你可就**大错特错**了。这串脚印的真相是：曾经有五只狼从这里走过。走在前头的是一只机敏的母狼，后面跟着一只老公狼，最后面跟着的是三只小狼。

在它们一起出去的时候，后面的狼总是能准确地把脚踩在前面那只狼留下的脚印上，而且踩得丝毫不差，简直是**完完全全**吻合。人们看了这些脚印，绝对想不到这是五只狼的脚印。要想成为一个善于在白雪上追踪兽迹的好猎人，首先一定要提高自己的眼力。

树木怎样过冬

在寒冷的冬天树木会不会被冻死？答案是"当然会"。

如果一棵树从里到外都被冻成了冰，那肯定就冻死了。在苏联，经常会有这样的情况：冬天特别冷，如果一个冬天雪下得不够多的话，就常常会有很多树被冻死，不过被冻死的大多是小树。好在树木自己也有**御寒**的良策，使严寒不至于深入到自己身体内部。不然，在寒冷的冬天里树木会死光的。

树木在吸收营养、生长发育、传宗接代过程中都需要消耗大量的能量。整个夏天里，树木会积极地生长，充分地积蓄能量。等到了冬天，它们就停止各种活动，进入沉沉的睡眠状态。这样一来，就不需要再吸收营养、**生长发育**，也不再把能量消耗在繁殖后代上。

由于树叶会散发出大量热量，所以，冬天里树木就不要树叶了。树木们抖落满身树叶，就是为了减少热量的散失。要知道，热能是树木成长不可缺少的元素。再说，从树枝上掉下来的落叶，会覆盖在树的周围。落叶腐烂后，也会发出热量，可以保护地下的树根不被冻坏。

不仅是这些。每一棵树都有一副天然的甲胄，保护自身的"皮肉"免受寒气的侵袭。每年夏天，树木都在树干和树皮下储存一些木栓组织——一种无生命的夹层。这些木栓组织既不透水，也不透气。空气停滞在其中，可以形成保护层，保护树木内的热量不向外散失。树的年龄越大，它的木栓层就越厚，所以，老树、粗壮的树比枝嫩干细的小树更能抵抗严寒的侵袭。

当然，面对严寒，树木不能仅靠木栓甲胄就可以高枕无忧。即使严寒把这身盔甲击穿，它在植物的内部还会遇到一道严密的化学防线。在冬季到来之前，树液里会**积蓄**各种盐类和淀粉。淀粉可以转化为糖类，当盐类和糖融合到一起，会产生一种化学反应，从而使树木形成一种很强的抗寒能力。

厚厚的松软的雪花被对于树木来说是最好的防寒设备。在多雪的冬天里，雪花**堆积**起来，像条鸭绒被似的，把整个森林覆盖起来。这样，不管天气怎样冷，树木也不用害怕了。这就是为什么细心的园丁们会把怕冷的娇弱小果树故意压弯在地上，并用雪把它们埋起来。

无论严冬怎样残酷，我们北方的森林也不会被冻死。

我们的"森林王子"能够运用各种方法，抵抗住一切狂风暴雪的侵袭。

雪底下的牧场

广阔的大地一片银白，积雪堆得很深。一想到在寒冷的冬天里，大地上光秃秃的，除了雪还是雪，花儿枯萎，草儿凋零，此时，你的心情还能畅快得起来吗？

人们常常这样自己安慰自己："唉，就这样吧！反正四季总要轮回，大自然一贯如此。"

可惜，我们对大自然的了解实在太少了。

今天，阳光很好，蔚蓝的天空**万里无云**。天气不错，我踩上我的滑雪板，一路滑到我的小试验场。我准备把这块小试验场上的积雪清除干净。

雪很快被清除了。正月里，温暖的阳光照耀着整个牧场上的花花草草。它照耀着一簇簇紧贴冰冷地面的嫩绿小叶片，照亮了从枯草下面刚长出的新鲜叶尖，照亮了被积雪压倒在地上的**顽强**的小绿草。

在这些植物当中，我发现了一棵我曾见过的毛茛。临近冬天的时候，它一直在开花，现在这些在雪花被子保护下的花朵和花蕾正在静静地期待着春天的到来。它们竟然连花瓣也保存得**完好无缺**。

你们知道吗？我在这片小试验场上一共种植了 62 种植物。现在，其中有 36 种仍然是绿色的，还有 5 种正开着花。

现在，你还会说，正月里我们的牧场上没有花也没有草吗？

森林中的大事

> 大地虽然被雪封，但是一些不冬眠的动物还是会偶尔走出家门，来到户外散步，玩儿一会儿。我们可以通过它们留下的痕迹追踪它们，观察它们。现在，快让我们一起去看看在森林中发生了什么大事吧。

这里林中发生的几件大事，都是我们的森林通讯员从白雪覆盖的野兽路径上得出结论的。

不求甚解的小狐狸

在一片林间空地上，小狐狸发现了几串老鼠留下的小脚印。

哈哈！它心中暗想，这下我可要**饱餐一顿**啦！

可是，粗心的小狐狸并没用鼻子好好"念念"这些字，弄清到底是谁刚才到这儿来留下的。它只草草看了几眼，就轻易得出了结论：噢，脚印是一直通到灌木丛那边的。

于是，它**蹑手蹑脚**地向灌木丛走了过去。

雪里有个小东西正在**蠕动**，只见它长着一身灰色的皮毛，

还有一根小尾巴。小狐狸上前一把摁住这个小家伙，上去就是一口。

"呸呸呸！真是恶心死啦，什么臭玩意儿！"小狐狸刚咬一口立刻就觉得不太对劲，连忙把口中的小兽吐了出来，跑到边上吃了口雪漱口，想用雪清除嘴里的味道，因为那味道可真是太恶心了。

就这样，小狐狸的早饭算是泡汤了。

原来，这只小兽是只鼩鼱，而不是什么老鼠。

它只是远远看上去像老鼠，近看，一眼就可以认出来，因为鼩鼱的嘴脸比老鼠长好多，它的脊背总是弓起来。它以吃虫子为生，跟田鼠、刺猬比较像。只要是有点儿经验的野兽，都不会去碰它，因为它身上有一种像麝香似的气味，吃到嘴里臭得很。

可怕的脚印

我们的森林通讯员在树木下发现了一串脚爪印，那脚爪印是狭长的，看了简直让人觉得恐怖。这些脚爪印本身并不大，跟狐狸的脚爪印差不多大小，但那些脚爪印看起来又长又直，好像一排钉子直接钉在地上，爪子尖应该非常尖锐。这样的爪子要是抓到了谁的肚皮，肯定会把肚肠抓出来。

通讯员小心翼翼地沿着脚爪印走过去，发现脚爪印通向一个很大的洞穴。洞口的雪地上散落着好多细毛。他们仔细研究了一会儿。细毛又直又硬，而且很有弹性，颜色是黑色中带点儿白尖儿，人们就是用这种毛来做毛笔的。

通讯员们马上明白了，原来住在洞里的是獾。獾是个狡猾的家伙，不过，并不是很可怕。也许它只是看到天气变暖了、雪化了，所以才出来散散步。

雪底下的鸟群

兔子在沼泽地上蹦蹦跳跳。它在草墩间跳来跳去——从这一个草墩跳上那一个草墩，又从那一个草墩再跳上另一个……忽然，扑通一声，它一不小心就掉进了雪地里，雪一下子没到它的长耳朵边上。

兔子感觉到脚底下好像有个活的东西在扑腾。霎时间，从它周围的雪底下突然冲出了许多鸟儿，朝它扑腾着翅膀，发出噼噼啪啪的声响。兔子被这些不知道从哪里跑出来的鸟儿吓坏了，撒腿拼命往回跑，一转眼就逃进了森林。

原来，这是一群雷鸟，它们冬天就住在沼泽地里的雪底下。白天，它们飞出来，在沼泽地上溜达，挖雪里的蔓越橘吃。吃饱喝足后，它们又钻回雪底下。

雪底下又安全又暖和。它们躲在那里，很难被人发现。

雪爆炸了，鹿得救了

这片雪地上留下了许多凌乱不堪的脚印，像是告诉人们这里曾发生过不同寻常的事。可是，我们的通讯员怎么也猜不透到底这里发生过什么事情。

雪地上最初留下的脚印是又小又窄的兽蹄印，看样子这只小兽走得十分沉稳。情况应该是这样的：有一只母鹿正在林子里散步，它丝毫没有意识到危险正一步一步地向它逼近。

接着，又出现了许多大脚爪印。就在这些蹄印旁边，母鹿的脚印开始显得有些慌张凌乱，像是开始蹿跳。

这不难理解。也许是一只狼无意间发现了母鹿，悄悄地向它靠近，并在瞬间发动了攻击，向母鹿猛扑过去。而母鹿的反应也比较敏捷，它飞快地从狼身旁逃走了。

继续往下看，会发现狼的脚印离母鹿的脚印越来越近——也就是说，眼看狼就要追上母鹿了。

再往前，在一棵已经倒下的大树旁边，两种脚印已经完全混在一起了。看来，在紧急时刻母鹿纵身跃过了大树，而狼也紧随其后，蹿了过去。

树干的另一端有个深坑。坑里有许多积雪，那些雪像是被炸弹炸过那样凌乱地向四面八方飞溅。

可是，就是从那个雪坑开始，母鹿的脚印和狼的脚印莫名其妙地分道扬镳了。然而，不知从哪儿开始，又多出了一种很大的脚印，挺像人光着脚，外面又套着一个非常吓人的、弯弯曲曲的大爪子留下的脚印。

这究竟是一颗什么样的炸弹竟然会埋在雪里，并且爆炸了呢？这可怕的新脚印又是谁的？狼为什么会放弃追赶母鹿呢？这里到底发生了什么事？

我们的通讯员冥思苦想，反复地思考这些问题。

后来，他们终于弄清楚了这些套着爪子的大脚印是谁留下的。一切都是那么简单明了而又那么顺理成章。

母鹿凭着它那四条飞毛腿，轻而易举地越过了横在地上的粗树干，快速地向前飞奔而去。狼紧紧跟在它后面，也跳了起来，不过它没有鹿跳得那么远，它沉重的身子扑通一声从树干上滑了下来，重重地摔进堆满积雪的深坑里。恰巧树干底下有个熊洞，狼的四只脚一齐插进了熊洞里。

此时，狗熊正睡得迷迷糊糊的，被这个从天而降的**庞然大物**吓了一大跳，狗熊猛地跳了起来，于是坑里的冰呀、雪呀、树枝呀，往四下里一阵乱射，好像是炸弹爆炸了一样。这更把狗熊吓得魂飞魄散，它拼命地向树林里飞奔而去，用惊人的速度逃走了。

而狼则重重地跌在雪坑里，摔得晕头转向的，看见那么又大又胖的家伙，心里顿时害怕得要死。这个时候，它只顾自己逃命，哪里还顾得上去追母鹿。

此时，母鹿当然早已经**不知所踪**了。

银白的海底世界

初冬时节，清雪飘舞，寒风初袭。在这个季节里，田野和森林里的小动物们最难熬了。地面上光秃秃的，什么也没有，冻土层越来越厚，地洞里也阴冷起来。连鼹鼠都要倒霉了，因为冻土变得坚硬如铁，它那平时用来挖土的铁锹样的小爪子，此时也不再锋利了，好像老天爷在和它作对一样。还有那些老鼠、田鼠、伶鼬、白鼬什么的，又该怎么办？

小动物们就这样熬着盼着，好容易盼来了大雪纷飞。大雪下个不停。地上的雪很快**堆积如山**，不再融化，到处都是白茫茫一片，银色的雪海把整个大地覆盖起来。站在这广袤无垠的雪海里，雪可以没到人的膝盖处，走起来简直寸步难移。榛鸡、黑琴鸡甚至松鸡，连头带脚都钻进了雪里。老鼠、田鼠、鼩鼱……所有不冬眠的穴居小动物都从自己那隐藏在地下的窝

里面钻了出来，在雪海上跑来跑去。食肉的伶鼬不知疲倦地在雪的海洋里面钻来钻去，活像一头微型小海豹。有时候，它会跳到雪海外面，四下张望一会儿，看看有没有榛鸡什么的从地下探出头来。发现猎物后，它又一个猛子扎到雪海底下，神不知鬼不觉地在雪下钻到鸟儿跟前去捕获美食。

雪海底下比雪海上面暖和多了。凛冽刺骨的寒风吹不到那里，雪层好像一层厚厚的毯子替小动物们阻挡严寒，不让寒冷接近地面，在这雪的海底世界下面似乎感受不到严冬的气息……许多穴居的老鼠，就把自己过冬的巢直接筑在雪下面的地上，就好像是专门建好冬季别墅用来避寒似的。

雪底下还有这样的事儿呢！一对短尾巴田鼠情侣用细草和毛垒了个小小的爱巢，就架在一根覆盖着雪的灌木枝上，从巢里还往外冒着微微的热气呢。

在这厚雪覆盖下的暖和的小爱巢里，有几只刚出世的小不点儿，它们身上没有毛，光秃秃的，眼睛都还没睁开。这个时候，外面天气正冷得厉害，气温可以达到零下 20 摄氏度呢！

冬季的中午

一月的一个中午，天气虽然寒冷，但阳光明媚，白雪覆盖的树林里悄无声息。洞里的熊正在自己的家里做着美梦。在熊的头顶上，大雪压弯了上面的乔木与灌木，透过那些乔木与灌木的枝叶缝隙，许多神奇而小巧的住宅若隐若现。这些小屋有拱形的圆顶、空中走廊、台阶、窗户和稀奇古怪的尖顶，就好像一座座小小的塔一样。这一切都在闪闪发光，数不尽的小雪花聚集起来，像钻石那么耀眼。

一只小巧玲珑的翘尾巴小鸟，嘴巴像锥子一样尖锐，好像突然间从地底下钻出来似的跳上地面。它扇动着翅膀，飞到云杉树梢上，发出一连串**婉转动听**的声音，响彻了整个树林。

这时，在白雪拱门的地窖的小窗口那儿，突然露出了冬眠的熊那绿蒙蒙的眼睛，**半睁半闭**，迷迷糊糊的……难道说春天要提前来临了？

这是很会享受生活的熊的眼睛。可能只有老天爷才能知道下一秒森林里会发生什么事。熊可不想在自己冬眠的时候错过森林里的大事，所以它总是在自己的洞壁上留一扇小窗。它从哪一边进洞冬眠，这扇小窗就开在哪一边。还好，没什么意外，在小房子里一切如常，**平安无事**……于是，也就不需要再从窗口往外望了。

在冰雪覆盖的树枝上，小鸟只是胡乱蹦跳了一会儿，就又钻回白雪覆盖的树根里去了，因为，在那里有一个它用柔软的苔藓和绒毛做的冬巢，非常温暖，非常舒服！

乡村日历

严寒的冬季白雪皑皑，花草树木都沉睡了，冬眠的动物们也早已懒洋洋地进入了梦乡。树干里的"血液"也停止了流动，夏日里热闹非凡的森林如今静悄悄的，少了许多欢声笑语。

现在，树林里响起了"吱咯吱咯"此起彼伏的拉锯声。冬天的树木干燥而又结实，是上好的木材，因而整个冬天人们都在采伐林木。为了方便运输锯下来的圆木，人们像浇溜冰场似的往积雪上泼水，修出几条宽阔的冰面马路，再将锯下的木材沿着冰面马路一路滚到大大小小的河流边，好让木材能在春天

到来、冰雪融化的时候随河水漂到下游的村庄去。

　　冬季里农场职工们也闲不住，他们在选种，查看庄稼苗，为春耕做着准备工作。

　　更有趣的是，定居在打谷场附近的一群群灰山鹑，常常成群结队地飞到村庄里来觅食。它们想扒开厚厚的积雪寻找食物，不过，即使把积雪扒开了，下面仍然有一层厚厚的冰，它们想凭那细弱的脚爪扒开冰壳，简直困难极了。冬天捉灰山鹑非常容易，只可惜这是犯法的，因为法律禁止人们在冬天捕捉**无力反抗**的灰山鹑。

　　在冬天，那些富有善心的猎人不但不会去捕捉这些鸟儿，甚至还会喂养它们呢。他们在田野里给灰山鹑设立了"食堂"，那是用**柔软**的云杉树枝搭建起来的一些小棚子，小棚子底下再撒上燕麦和大麦。这些善意使美丽的灰山鹑即使在最严寒的冬季也不会因找不到食物而饿死。

　　第二年夏天，每一对灰山鹑都能孵出二十多只小山鹑宝宝。

农场新闻

冬天的农场没有春天的忙碌、夏天的硕果、秋天的收获，应该是很寂静无趣的。但是事实并非如此，冬天里我们的农户也要做许多准备工作，为田野里的庄稼不被冻死做准备。快让我们看看他们是怎么做的？

耕雪机

昨天，我到闪光农场去拜访一位老同学——拖拉机手米沙。

给我开门的是米沙的妻子，一个幽默可爱的女人。

她说："米沙不在家，正在耕地呢！"

我心想：又跟我开玩笑了，可这玩笑也未免太**幼稚**了，竟然跟我说他在耕地呢。这大冬天的，就连幼儿园的孩子都知道，现在不是耕地的时候。

于是，我打趣道："是在耕雪吧？"

"没错，当然是耕雪喽！不耕雪，还能耕什么呢！"米沙的妻子回答。

于是，我去找米沙。不管你听了多么**难以置信**，可我真的是在田里找到他的。只见他开着拖拉机，拖着一只长木箱。木箱把积雪推到一起，堆成一道很结实的雪墙。

"米沙，这是用来干什么的呀？"我问。

"这是雪墙，用来挡风的。"米沙回答，"要是没有这道墙，风就会满田**横行**，把雪全给吹跑。如果没有厚厚的积雪覆盖，秋天种植的谷物会被冻死。所以，一定要把雪留在田里。这不，我正用这耕雪机耕雪呢。"

冬季作息时间

冬天，在农场里牲畜也要按照冬季作息时间生活：睡觉、吃饭、散步都有一定的时间安排。关于这件事，四岁的女职工小马莎告诉我说："现在，我和好朋友们都已经上幼儿园了。也许小牛和小马也该去幼儿园了吧？当我们在外面散步的时候，它们也出去散步。我们回家的时候，它们也回家。"

"绿带子"

一排排亭亭玉立的云杉树挺立在铁路沿线，绵延数千米。就是这条"绿色玉带"保护着铁路，阻挡着风雪的袭击，使铁轨不至于被**掩埋**起来。每到春天，铁路职工都要在这里栽种成千棵小树，把这条"玉带"加长。今年就种了10万多棵云杉、洋槐和白杨，还有大约3000棵果树。

城市新闻

在冬天的城市里又发生了什么新闻？在世界的其他地方，有些地方冬天也不寒冷，那么鸟儿在那些地方过得怎么样？我们一起来了解一下吧。

光脚在雪上爬

在冬季阳光明媚的日子里，温度表的水银柱升到了表示零摄氏度的刻度那儿。这时，在林荫路上，在花园和公园里，从雪下钻出来许多没有翅膀的小苍蝇。

它们整个白天都在雪上爬来爬去，一到傍晚，它们又钻回冰缝和雪地里藏了起来。

它们就生活在那些安静、暖和的角落，比如落叶或**苔藓**的下面。

在雪上，它们所到之处并没有留下什么痕迹。因为这些爬来爬去的小虫子身子是那样弱小，体重非常轻，只有用很**精密**的放大镜才能够看清楚它们那些长长的嘴巴、头上那稀奇古怪

的犄角和**纤细**的脚。

国外消息

国外一些地方给《森林报》编辑部发了一些消息，报道了从我们这儿飞去的那些候鸟的生活情况。

歌鸲算是我们这儿出名的歌手，它在非洲中部过冬；百灵鸟现在就住在埃及；椋鸟分批到法国南部、意大利和英国旅行去了。它们在那儿不唱歌，只是忙着解决自己的吃住问题；它们不做窠，也没有孵雏鸟；它们只是静静地等待着春天的到来，因为那时候它们就可以飞回**阔别已久**的故乡了。常言说得好："在家千日好，出外事事难。"

埃及拥挤的鸟儿

冬天的埃及是鸟儿的天堂。那里有壮阔的尼罗河，支流无数，河滩上满是淤泥，河的两岸到处都是肥沃的牧场和良田。这里到处是湖泊和沼泽，有咸水的，也有淡水的；暖和的地中海，海岸弯弯曲曲，有许多海湾。这些地方处处都有丰富的食物，可以供千千万万的鸟儿来食用。这里的夏天鸟儿已经不计其数了，一到冬天，我们的候鸟也来凑热闹了。

你很难想象那种有趣的情形，就好像全世界的鸟类都聚集在这儿似的。

在湖上和尼罗河的支流上，密密麻麻地聚集着水禽，遮住了水面。嘴巴下长着个大肉袋的鹈鹕在漂亮的长脚红鹤中间悠闲地踱来踱去。要是看见了羽毛斑斓的非洲乌雕或是我们的白尾金雕，它们就会**四处逃窜**。

如果突然一声枪响，马上就有一群群形形色色的鸟儿密密匝匝地飞起来。那喧嚣声简直有如几千面鼓同时擂起来。刹那间，一大片浓浓的黑影落在湖上，因为飞上高空的鸟儿遮住了太阳的光线。

在冬天的宅院里，我们的候鸟就这样悠闲地生活着。

国家禁猎区

在苏联辽阔的大地上，也有一处鸟儿的乐园，它比起埃及来也毫不逊色。冬天，我们这儿的很多水禽和沼泽里的鸟儿，都在那儿避寒。在那里，就跟在埃及一样，冬天你可以看见一群群红鹤和鹈鹕，其中夹杂着许许多多野鸭、大雁、鹬和猛禽。虽说是冬天，可是那里却不像冬天，因为那里没有我们这样狂风怒吼、大雪纷飞的寒冷冬天。那儿有温暖的海，浅浅的海湾里处处是淤泥。海的岸边芦苇丛生，灌木郁郁葱葱。那里有风平浪静的草原和湖泊。在那个地方，一年到头都有各种各样的鸟食。

那个地方禁止打猎，不允许猎人打鸟儿。因为那些鸟儿都是候鸟，它们辛苦了一个夏天，到这里是来休息的……

那就是苏联的塔雷斯基禁猎区，它位于里海东南岸的阿塞拜疆共和国境内，在林柯拉尼亚附近。

轰动非洲南部的大事

在非洲南部发生了一件大事。有一群白鹳飞落下来，人们发现在这群白鹳中有一只戴着个白色金属脚环。

人们捉住了那只戴脚环的白鹳。白鹳脚上的金属环上刻的字清晰可见："莫斯科。鸟类学研究委员会，A组第195号。"

这消息很快见报，因此，我们知道了前些时候我们的通讯

员捉住的那只白鹳冬天住在什么地方。

这种给鸟戴脚环的方法，使科学家能**探知**许多关于鸟类生活的稀奇古怪的秘密——比如它们在哪里过冬，长途飞行经过的路线，等等。

世界各国都有鸟类学研究委员会，它们制作了各种大小不同的铝环，并且把分发铝环的机关名称刻在上面，还刻上组别和号码。只要有人捉住或打死这种带脚环的鸟儿，看清楚环上刻的科研机构的名称，就应该通知相应的研究机构，或是在报纸上发表**声明**。

狩　猎

　　冬天与夏天相比虽然狩猎不那么频繁，但是一些有经验的猎人还是能通过一些蛛丝马迹追踪到猎物的踪迹。这不，又来了一群吃村庄的牲畜的狼，猎人们要解决它们，我们快去看看他们用了什么办法吧。

（本报特约记者）

带了小旗子打狼

　　有几头狼经常在村庄附近**出没**，一会儿拖走了一只小绵羊，一会儿又拖走了一只山羊。这个村庄没有猎人，所以只好到城里去请猎人提供帮助。

　　于是，那天晚上，从城里赶来了一群士兵，他们各个都是打猎高手。与他们同来的是两辆载货雪橇，上面装着笨重的卷轴，卷轴上面缠着绳子，中间像**驼峰**似的高高隆起来。绳子上每隔半米就系着一面红色小旗子。

察看银径上的脚印

猎人们详细地向当地农民了解整件事情，得知狼是从哪儿来到村庄的，接着又去察看狼留下的脚印。那两辆载着卷轴的雪橇，一直跟在他们后面。

狼的脚印形成一条笔直的线，从村庄里出来，穿过田埂，一直通向树林深处。乍一看，好像只有一头狼，可是，那些有经验的、善于**辨别**兽迹的人一看，就知道其实走过去的狼应该有一群。

猎人们一直追踪狼迹进了树林，才判断出这是五头狼的脚印。猎人们仔细观察一番后得出结论：走在最前面的是一头母狼：它的脚印窄窄的，步距较小，脚爪留下的槽是斜着的，凭这些特点就可以断定它是一头母狼。

一番仔细**探查**后，他们分为两队，分别乘上雪橇，围着森林绕了一周。

但他们并没有在周围发现狼从树林里离开的脚印，因此可以断定这窝狼仍然隐蔽在树林里，得赶紧开始围捕。

包　围

两队猎人各带了一个卷轴，他们缓缓赶着雪橇前进。卷轴旋转着，沿路放出卷轴上的绳子，后面有人跟着，把放出的绳子缠在灌木、树干或树墩上。绳子上的旗子悬在半空中，离地约有 0.35 米的距离，红色的小旗子**迎风飘扬**。

完成这项工作后，这两队猎人又在村庄附近会合了。现在，他们已经把整个树林都围绕上了带有小旗子的绳子。

他们向农场职工们下达了命令——第二天天刚蒙蒙亮就要

集合，然后，他们自己就回去休息了。

夜　晚

那一夜，皓月朗朗，**寒气逼人**。

先是母狼睡醒了，站起身来。随后，公狼也站了起来。今年刚出生的三头小狼崽儿也站了起来。

只见周围是**密密匝匝**、黑魆魆的树林。一轮清冷的明月挂在茂密的云杉树梢顶上，看起来就像模模糊糊的落日。

狼的肚皮发出咕噜咕噜的叫声。

太饿了，肚子难受死了！

母狼抬起头，对着月亮悲凉地嗥叫。公狼也跟着它凄凉地叫了起来。小狼也学着它们的父母发出尖细的叫声。

村庄里的家畜一听见狼嗥，都吓慌了神，只听见牛哞哞地叫着，羊也发出可怜的咩咩声。

母狼迈步向前，后面跟着公狼，再后面是三头小狼。

它们小心地迈着步子，后面一头狼的脚正好踩在前面一头狼留下的脚印上。它们就这样整齐地穿过树林，向村庄走去。

母狼突然停住了脚步，公狼也随之停住了。最后，小狼也停住了。

母狼那双敏锐的眼睛恶狠狠地、**惶恐不安**地闪烁着。它那敏感的鼻子，似乎闻到一股红布散发出的又酸又涩的味道。仔细一看，它发现前面林子边的灌木丛上挂着好多黑乎乎的布片儿。

母狼年纪稍长，可以说比较有"经验"，可这样的阵势它也是第一次碰到。但有一件事它很清楚：有布片儿的地方，就

一定有人。谁知道呢，也许他们这会儿正**埋伏**在田里守候着它们吧。

还是往回走吧。

想到这儿，它掉转身子，**连蹿带跳**，跑回了树林深处。后面紧跟着公狼。再后面是三头小狼。

它们迈着大步，穿越整个树林，来到树林的另一边，它们再次停住了脚步。

又是布片儿！还是挂在那儿，好像一条条吐出来的鲜红舌头。

于是，这群狼在树林里**东奔西突**，一次次穿过树林。可是，不论是这儿，还是那儿，总之到处都挂满小布片儿，哪儿也没有出路。

母狼觉得情形不妙，一定有危险，赶紧逃回密林，气喘吁吁地躺倒在地上。公狼和小狼也都跟着躺下了。

看来，它们逃不出这个包围圈了。那就只能饿着。谁知道外面那批人到底想干什么！

天气真冷呀！肚子饿得咕噜咕噜叫。

第二天早上

清晨，天刚蒙蒙亮，村庄里的两支队伍就出发了。

其中一队人数比较少，都是佩带枪支的猎人，他们都穿着灰色长袍。之所以穿灰衣裳，是因为冬季其他颜色的衣裳在树林里都太显眼。他们围着树林走了一圈，把绳子上的小旗子悄悄地解了下来，然后在灌木丛后分散开，排成一个长蛇阵。

另外一队则是农场职工，这组人数比较多。他们手里拿着木棒，先在田里面等着。直到听到指挥员的号令，他们才一起吼叫着走进树林。他们在树林里一边走，一边彼此**高声呼应**，还不停地用木棒敲击树干。

<h2 style="text-align:center">围 攻</h2>

几头狼正在静悄悄的密林深处打盹儿，猛听到从村庄方向传来一阵喧哗声。

母狼猛地**一跃而起**，向与村庄相反的方向逃窜而去，公狼和小狼紧随其后。

它们脖子上的鬃毛竖着，夹紧了尾巴，两只耳朵向背后竖起，眼睛里直冒光。它们**不顾一切**地飞奔着，逃窜着。

到了树林边，它们又看见一串串像燃烧的火焰似的红布片儿。

此时，几头狼已感到了莫名的恐惧和惊慌，它

们转身飞也似地往回跑。

可是，呐喊声已经越来越近了。听得出来，有大批人正在向它们围过来，木棒敲得树林都在震动。

几头狼吓得又往回跑，鬃毛竖得更直，尾巴夹得更紧，两只耳朵向后背着，眼睛直蹿火。它们不顾一切地飞奔着，逃窜着……

再次来到了树林边。这里竟然没有似火的红布片儿了。

此时，狼的恐惧和警惕不禁瞬间消失了，快往前跑呀！

于是，这群狼正好冲着已经等候了大半天的猎人们跑了过来。

突然，从灌木丛后喷射出一道道火光，枪声噼噼啪啪地响了起来。公狼猛地跳了起来，又扑通一声跌在了地上。小狼们满地打滚，**叫声连连**。

士兵们的枪法很准，小狼们被全部打死。只有老母狼不知去向，谁也没有注意到它是什么时候逃走的。

从那之后，村庄里再也没有发生牲畜丢失的事情。

猎狐狸

经验丰富的猎人塞索伊奇具备准确的判断力，就拿猎狐狸来说吧，他只要看看狐狸留下的脚印，就能做到心中有数。

一天早晨，刚刚下过冬天的头一场雪，地面上盖上了一层薄薄的雪。塞索伊奇走出家门，他发现田里的雪地上有一串狐狸的脚印，**清清楚楚**、**整整齐齐**。小个子猎人不慌不忙地走到脚印旁，蹲下身子仔细观察了一会儿。随后，他卸下滑雪板，一条腿跪在滑雪板上，把一根指头弯起来，伸进狐狸留下的脚印，横着量量，竖着比比。接着，他又思考了一会儿，然后套上滑雪板，沿着脚印一直向前滑着，并且一路上都**紧盯**着脚印观察。他一会儿钻进灌木丛，一会儿又钻出来，接着滑到了一片小树林边，不慌不忙地围着小树林滑了一圈。

随后，他从林子里钻出来，以最快的速度滑回了村庄。他乘着滑雪板，好像是在雪地上**飞翔**。

冬季的白天十分短暂，而他用在察看脚印上的时间就足足有两个小时。但是，塞索伊奇已经暗暗下定决心：今天一定要捉住这只狐狸。

现在，他走向我们这里另外一个猎人——谢尔盖的家。谢尔盖的母亲从小窗里一看到他，就走了出来，并且开口告诉他："我儿子没在家。他也没对我说要去哪儿。"

塞索伊奇明白老太太没说真话，但他只是笑了笑，说道："你不知道，可我知道他正在安德烈家里呢。"

随后，塞索伊奇果真在安德烈家里找到了两位年轻的猎人。

可是，他刚一进屋，他俩立马不再谈话，并且显出十分不安的样子。即使这样，也掩饰不了什么。谢尔盖甚至还**欲盖弥彰**地从板凳上站起来，试图用自己的身子遮住身后的大卷轴。

"行啦，年轻人，别再遮掩了，我都知道了。"塞索伊奇开门见山，"昨天夜里，星火农场里的一只鹅被狐狸偷走了，而且我还知道现在狐狸躲在哪儿。"

听了这话，两个年轻猎人不禁有些吃惊。刚刚半个钟头前，谢尔盖在附近碰到一个星火农场里的熟人，听他说就在昨夜，他们村庄养的一只鹅被狐狸给拖走了。谢尔盖听说后，首

先通知了他的好友安德烈。他俩正在**商量**怎么找那只狐狸，怎么先下手为强把它逮住，免得被塞索伊奇给抢了先。谁知道说曹操，曹操就到了，而且他还全知道了。

半晌，安德烈才打破了沉默："究竟是哪个多嘴的娘们儿把消息透露给你的？"

塞索伊奇一声冷笑，说："那些多嘴的娘们儿一辈子也弄不懂这些事儿。我是从狐狸留下的脚印看出来的。现在，我告诉你们：这是只老公狐狸，它脚印挺大，而且圆圆的，印得清清楚楚，所以它个头儿也应该很大，走起路来不像小狐狸们那样胡乱踩雪。它拖着一只鹅，从星火农场出来，拖到一处灌木丛里，把鹅吃光了。我已经找到那个地方了。这只公狐狸很狡猾，身子胖，毛皮厚，那张皮很贵。"

谢尔盖和安德烈彼此使了个眼色。

"怎么？难道这些单凭脚印就可以断定吗？"

"当然啰！如果这是一只瘦狐狸，吃得**半饥不饱**的，那它身上的毛皮就又薄又没有光泽。可是老狐狸呢，生性狡猾，总是吃得饱饱的，养得肥肥的，它的毛皮又厚又硬、漆黑油光。那张皮一定值很多钱！饱狐狸和饿狐狸的脚印也不一样：饱狐狸走起路来步子轻松，好像猫儿一样灵巧，后脚踩在前脚的脚印上，一步是一步，整整齐齐的一行。你们可知道，在圣彼得堡毛皮收购站，人家会出大价钱抢着买那样的一张毛皮呢！"

塞索伊奇的话说完了。谢尔盖和安德烈又彼此使了个眼色，然后一起走到墙角，小声**耳语**了一会儿。

随后，安德烈对塞索伊奇说：

"好吧，塞索伊奇，你干脆直说吧，是不是来找我们合作的呢？我们没意见哪！你瞧，其实我们也听到了风声，这不，连小旗都准备好了。我们本来想赶到你前面的，可是没赶成。那么就**一言为定**，咱们合作吧！"

"第一次围攻，打死算你们的。"小个子猎人**大大方方**地说，"如果让它逃脱，就甭想再来第二次围攻了。这只老狐狸应该不是我们本地的，只是路过这里，因为咱们本地的狐狸没这么大个儿的。它听见一声枪响，就会逃得无影无踪，一时半会儿别想找到它。小旗子也最好不要带去了——老狐狸可狡猾着哩！它大概被人围猎了许多回，每回都跑掉了。"

可是，两个年轻的猎人坚持要带小旗子。他们说，还是带着旗子稳妥些。

"好吧！"塞索伊奇点了点头，"你们想怎么办就怎么办！行动吧，年轻人！"

谢尔盖和安德烈立刻准备起来，他俩掮出两个卷小旗儿的大卷轴，拴在雪橇上。趁这工夫，塞索伊奇跑回家一趟，换了套衣裳，顺便又找来五个年轻的职工，叫他们帮忙围猎。

这三个猎人都在短皮大衣外面套上了灰罩衫。

"我们这是去打狐狸，可不是打兔子。"在半道上，塞索伊奇教导年轻人说，"兔子是有点儿**糊里糊涂**的，可是狐狸呢，嗅觉要比兔子灵得多，眼睛也敏锐。只要它看出一点儿不对头来，马上就逃得无影无踪。"

大家跑得很快，很快就到了狐狸藏身的小树林。一伙人分散开来：帮助围猎的人站好了地方；谢尔盖和安德烈带了卷

轴，往左绕着小林子走，一边走一边挂起小旗儿来；而塞索伊奇则带了另外一个卷轴往右走。

"你们可注意仔细看，"分手以前，塞索伊奇再次提醒他们，"看看有没有走出树林的脚印，别弄出声响。老狐狸狡猾着呢！它只要听到一点儿动静，马上就会采取行动。"

过了一会儿，三个猎人在小树林那边**会合**。

"一切就绪，"谢尔盖和安德烈回答，"我们仔细检查过了，没有走出林子的脚印。"

"我也没看见。"

他们留下一段通道，约有150来步宽，这里没挂小旗子。塞索伊奇**叮嘱**两个年轻的猎人，他们最好站在什么地方守候。然后，他自己又踏上滑雪板，悄悄地滑回帮助围猎的人们那儿去。

过了半个钟头，围猎开始了。六个人分散开来，形成一道半圆形的狙击线，朝小树林里包抄过去，并且不住地互相低声呼应，还用木棒敲击树干。塞索伊奇走在中间，不时地发出号令进行指挥。

林子里悄无声息。人擦过树枝时，从树枝上**无声无息**地落下一团团软绵绵的积雪。

塞索伊奇紧张地等待两个青年猎人的枪声，虽然这两个人是他的老搭档，可他还是有些担心。这里很少有那样的公狐狸，对此，经验丰富的老猎人深信不疑：如果错过这次机会，那以后再也碰不到这样的狐狸了。

他已经走到了小树林中间，可还没有听见枪声。

"怎么回事?"塞索伊奇一面从树干间走过去,一面不无担心地想,"狐狸早就该窜上通道了。"

现在,走到树林边了。安德烈和谢尔盖从他们躲藏的那几棵小云杉树后走了出来。

"没有吗?"塞索伊奇问道,他不再压低声音了。

"没瞧见。"

小个子猎人一句话也没说就往回跑,他要去检查一下包围线。

"喂,到这儿来!"几分钟后,传来了他**气呼呼**的声音。

大家都走到他跟前来了。

"你们还是追踪兽迹的猎人呢!"小个子恶狠狠地瞪着年轻猎人,从牙缝里挤出这么一句话,"你们看,这是什么?还说没有出林子的脚印!"

"这是兔子的脚印。"谢尔盖和安德烈**异口同声**地回答,"我们怎么会不知道呢?刚才我们包围的时候就看见了。"

"你们这两个傻瓜,那兔子脚印里头呢,兔子脚印里头是什么?我早就跟你们说过了,这只狐狸可狡猾了。"

在兔子长长的后脚印里,**隐隐约约**可以看出还有另一种野兽的脚印——比兔子的后脚印圆一些,短一些。两个年轻猎人琢磨了半天才恍然大悟。

"狐狸为了掩饰自己的脚印,常常踩着兔子脚印走,你们连这个都不知道?"塞索伊奇一个劲儿地发火,"你们看,它一步是一步,步步都踩在兔子的脚印上。你们两个没长眼睛啊!就是因为你们,白浪费多少时间!"

　　塞索伊奇吩咐把小旗子留在原来的地方，他自己先沿着脚印跑去了。其余的人都默默地紧跟在他后面。

　　进了灌木丛，狐狸脚印就跟兔子脚印分开了。这行脚印很清晰，只是**绕来绕去**的，狡猾的狐狸绕了好多鬼花样，他们沿着这样的脚印走了好半天。

　　这寒冷阴暗的冬日，太阳挂在淡紫色的云上，**暗淡无光**。大家都垂头丧气：这一天就白白地过去了，大家的体力也白浪费了。脚上的滑雪板似乎变得沉重起来。

　　突然，塞索伊奇站住了。他指着前面一片小树林小声说："老狐狸在那儿，前面五千米都是田野，光秃秃的，没有树丛，也没有溪谷。狐狸要跑过这样一大块**空旷**的地方，很容易暴露自己。我敢拿脑袋打赌，它就在那儿。"

　　两个年轻猎人一下子都提起精神来，放下肩上的枪。

　　塞索伊奇吩咐安德烈和三个帮助围猎的人从小树林右面包抄过去，谢尔盖和另两个帮助围猎的人从小树林左面包抄过去。大家同时走进了小树林。

　　等他们走了以后，塞索伊奇自己悄悄地溜到林子中间。他知道，那儿是一小块空地。老狐狸绝不会待在这没遮掩的地方。但是，不论它从哪个方向经过小树林，都一定会走过这块空地。

　　在这块空地当中，有一棵高大茂密的云杉。旁边有一棵云杉树枯死了，倒在它那粗大茂密的树枝上。

　　空地周围只有一些矮小的云杉，再就是光秃秃的白杨和白桦。塞索伊奇突然想到一个主意，那就是顺着倾倒的枯云杉树爬到大云杉树上去。这样，居高临下，不管老狐狸往哪儿跑，都可以看得见。

但是，这位老练的猎人转念一想：在他爬树的工夫，狐狸有可能就会跑掉了。而且，从树上放枪也不方便。于是，他放弃了这个念头。

于是塞索伊奇在云杉树旁停住脚步，站到两棵小云杉之间的一个树桩上，扳起双筒枪的枪机，向四周仔细张望。

围猎的人从四面八方遥相呼应着。

塞索伊奇确信，那只非常值钱的狡猾的老狐狸一定在这儿，就在他不远的地方，而且随时都可能现身。突然，他打了个冷战，一团棕红色的毛皮在树干间闪过，径直蹿到毫无遮掩的空地上去了，塞索伊奇差点儿就开枪了。

不能开枪：那不是狐狸，而是一只兔子。

兔子惊惶地抖动着长长的耳朵，在雪地上蹲坐了下来。

四面八方的人声越来越近了。

兔子跳进了密林，逃得无影无踪。

塞索伊奇又集中全部注意力，继续等待着。

突然，从右边传来一声枪响。

打死了，还是打伤了？

从左边传来了第二声枪响。

塞索伊奇放下了枪。他心想：不是谢尔盖就是安德烈，反正总有一个人把狐狸打死了。

过了不大一会儿，围猎的人走到空地上来了。谢尔盖和他们在一起，一脸尴尬的样子。

"没打中?"塞索伊奇脸色**阴郁**地问。

"在灌木后头,没打到……"

"你呀……"

"看,这儿!"从背后传来安德烈嘻嘻哈哈的声音,"没逃走哇!"

年轻的猎人走过来,把一只打死的兔子扔在塞索伊奇脚下。

塞索伊奇张了张嘴巴,没有说话。帮助围猎的人看着这三个猎人,感到莫名其妙。

"好啊!运气不错呀!"塞索伊奇终于**平静**地说,"现在,大家都回去吧!"

"狐狸呢?"谢尔盖问。

"你看见狐狸了吗?"塞索伊奇反问。

"没有,没看见。我打的也是兔子,在灌木后面,那样……"

塞索伊奇摆了摆手,说:"我看见狐狸被山雀抓到天上去了。"

大家走出了空地,小个子猎人独自落在后面。此时,天还没有黑下来,雪地上的脚印还**清晰可见**。

塞索伊奇绕着空地慢慢走了一周,每走几步就停一停。

狐狸和兔子进入空地的脚印,清晰地印在雪地上,塞索伊奇仔细察看着狐狸脚印。

不对,狐狸其实没有一步一步地踩着自己原来的脚印往回走,狐狸也没有这样的习惯。

出了这块空地,脚印就完全消失了——没看见兔子,也没看见狐狸。

塞索伊奇走到小树桩前，坐了下来，双手捧着头**思索**着。突然，一个很简单的想法在他的脑海中闪过：有可能这只狐狸在空地上打了一个洞，躲进去了。这一点，刚才猎人根本没想到。

塞索伊奇抬头看看，可天已经黑了。在黑暗里找不到这个狡猾的畜生。

塞索伊奇只好回家去了。

野兽有时会给人一些非常难猜的谜语，有些人就被那种谜语难住了。塞索伊奇可不是这种人。即使是自古以来民间传说中以狡猾著称的狐狸，也难不住他。

第二天早晨，小个子猎人又来到昨天狐狸失踪的那块空地上。现在，有狐狸出空地的脚印了。

塞索伊奇沿着脚印走去，想找到他要找的狐狸洞。但是，狐狸的脚印把他一直领到空地中央来了。一行清晰整齐的脚印通向倾倒的枯云杉树，顺着树干上去，在**茂盛**的大云杉树密密的针叶之间消失了。那儿离地约八米高，有一根粗树枝，上面一点儿积雪也没有：积雪被一只在这里睡过的野兽擦掉了。

原来，昨天塞索伊奇在这儿守候老狐狸的时候，这只狡猾的老狐狸就趴在他的头上面。如果狐狸这种动物会像人一样笑的话，它一定会**嘲笑**这名小个子猎人的。

不过，经历过这件事情以后，塞索伊奇就确信：既然狐狸会上树，那它们也一定会笑，而且会笑得很痛快。

全方位无线电通报

　　12月22日是一年一度的冬至日，是北半球地区一年里白天最短、夜晚最长的一天。在这一天，北冰洋极北群岛、顿巴斯草原、新西伯利亚大森林、卡拉库姆沙漠、高加索山区、黑海有怎样的景象呢？

注意！注意！

　　这里是位于圣彼得堡的《森林报》编辑部。

　　今天是12月22日，一年一度的**冬至**日。我们在这里对全国各地进行今年最后一次无线电播报。

　　下面我们邀请苔原、草原、森林、沙漠、山峰、海洋来共同参与这次播报。

　　现在正值**严冬时节**，今天又是一年里白天最短、夜晚最长的一天。请各位跟我们讲一讲，你们那儿现在正在发生什么事？

　　喂！喂！

这里是北冰洋极北群岛

我们这儿正是一年里夜晚最长的时候。太阳已经暂时向我们告别，沉到大海的对面去了。在下个春天到来之前，它是不会再出来俯瞰大地了。

我们这里到处是**冰天雪地**，冰雪覆盖着岛屿，覆盖着苔原，覆盖着海洋。

现在，还有什么动物能留下来过冬呢？

在北冰洋的冰面之下居住着海豹。它们趁冰面还没冻实的时候，就在冰面上给自己凿了个通气孔，并在整个冬天里尽力使这些小孔保持畅通，一旦有冰把通气孔覆住，它们会立马用嘴将孔打通。海豹通过这些小孔来呼吸上面的新鲜空气，偶尔它们也会爬出冰洞，到冰上面来休息一会儿，打个盹儿。

此时，会有公白熊偷偷走向它们。跟母白熊不一样，公白熊是不冬眠的，它们不需要钻到冰窟窿里睡一个冬天。

在苔原的雪面之下居住着一种长着短尾巴的旅鼠，它们喜欢在雪地里挖出一条一条的小道，冬天就靠吃那些被覆盖在雪里的细草茎为生。而那些长着雪白皮毛的北极狐就可以靠鼻子追踪它们，找到它们，并把它们从雪底下挖出来。

北极狐还喜欢吃一种野禽——苔原雷鸟。当这种鸟儿躲在雪里睡大觉的时候，对那些具有**灵敏**嗅觉的小狐狸来说，趁这个时候悄悄逮住它们简直就是轻而易举的事情。

这儿总是夜晚，总是漆黑一片。没有太阳，我们怎么能看见东西呢？

原来，即使我们这儿没有太阳，往往也挺亮。第一，该有月亮的时候，就**皓月当空**，月明如洗；第二，我们这里的天空上总是闪烁着北极光。这种神奇的光**变幻莫测**、五颜六色，时而像条飘动飞舞的宽带子似的，沿着北极方向的天空铺展开来，时而像瀑布似的**直泻而下**，时而又像银柱子或像柄剑似的高高耸起。最洁净无瑕的白雪，在北极光的映照下显出夺目的银色，光芒耀眼。此时，世界亮得如同白昼一样。

天冷吗？是的，冷得要命。狂风怒吼，暴雪横飞。那可怕的狂风暴雪猛烈地吹着，会把我们的房子都埋进雪堆里。有时大雪会把我们关在屋子里，一连六七天也没办法出门。不过，我们苏联人是勇敢自信的。我们一年比一年深入北冰洋北部，伟大的苏维埃北极探险队员甚至早已在研究北极了。

这里是顿巴斯草原

现在，我们这儿下起了小雪。当然，这对我们来说无所谓，我们这里的冬季不算长，而且也不会冷得可怕，甚至有些河流都没有被冰封起来。许多从寒冷地方飞来的野鸭到了这儿，就不想再往南飞了。从北方飞到我们这儿来的秃鼻乌鸦，在各处市镇上、城市里**逗留**。它们在这儿有的是吃不完的东西，可以一直待到3月中旬，然后飞回故乡去。

选择到我们这儿过冬的，还有许多从苔原地区飞过来的小朋友，其中有雪鹀（又叫铁爪鹀）、角百灵、个头较大的白色雪鹀。生活在这里的雪鹀会适应白天出来觅食，如果不这样的话，它就没办法习惯夏天的苔原生活了，因为，夏天苔原上只有白天，没有黑夜。

茫茫草原到处都覆盖着无瑕的白雪，冬天地里没什么农活儿。但是，在地底下，我们的活儿可是不少呢：人们正在深幽幽的矿井里忙活着用机器挖掘煤矿呢。挖出来的煤会用电力升降机送到地面，然后又通过火车运输到全国各地大大小小的工厂里去。

这里是新西伯利亚大森林

森林里的雪已经积得很高了。猎人们会套上滑雪板，成群结队地来到大森林里捕猎。他们赶着一辆辆轻型雪橇，雪橇上通常都会载上许多吃的和一些生活必需品。好多猎狗飞快地跑在雪橇前面，这些猎狗一般都是北极犬，它们的尖耳朵直立着，**蓬松**的尾巴向上卷曲着。

大森林里有很多小野兽，其中包括长着淡蓝色皮毛的灰鼠，稀有的黑貂，长着厚毛的猞猁、兔子，个头很大的麋鹿，棕黄色的鸡貂，雪白的白鼬。以前沙皇穿的皮斗篷常常就是用白鼬皮做的，现在人们通常把白鼬皮做成孩子戴的帽子。这里还有那些数不尽的红色火狐和棕黄色玄狐，以及美味可口的榛鸡和松鸡。

熊已经在它那秘密的熊洞里开始漫长的冬眠了。

猎人们在大森林里打猎常常一住就是几个月，到了晚上他们就在森林里的小木屋里过夜。冬天的白天很短暂，他们一天到晚忙个不停：布网，设陷阱来捕捉各种各样的鸟兽。他们的北极犬就在大森林里**东跑西颠**，它们东闻闻西看看，帮主人去寻找猎物，比如松鸡、灰鼠、西伯利亚鼬和麋鹿，甚至还有睡意正浓的熊。

一伙伙猎人都赶着载满了猎物的雪橇回家。

这里是卡拉库姆沙漠

在春天和秋天这两个季节里，沙漠并不荒芜，相反，到处都是**生机勃勃**的。

可是，一到夏天和冬天，沙漠里就会变得一片死寂了。夏天，鸟兽在荒漠里找不到任何东西吃，**酷热**让所有生物都不得不屈服；冬天，沙漠里也是死寂一片，无情的严寒让所有生物都实在无法忍受。

每到冬天，飞禽飞光，走兽逃走，它们都远远地离开了这个严寒逼人的地方。纵然南方的太阳仍然非常明媚，它高高地升到这片覆盖着积雪的无边旷野的上空，可是，既没有飞禽，也没有走兽来欣赏这片晴朗天空。纵然太阳可以把积雪**消融**，然而，雪底下有的只是死气沉沉的沙子。那些乌龟、蜥蜴、蛇和昆虫，甚至连一些热血动物，像老鼠、黄鼠、跳鼠等，都已经深深地藏到沙子下去了。动物们被冻得**硬邦邦**的，纷纷进入了冬眠。

猛烈的寒风在旷野中肆虐，现在没有任何东西能阻拦它的脚步。冬天，风就成了这片沙漠的主宰。

不过，这种情形应该不会持续太久了。目前，人们正在试图征服这片死寂的荒漠，他们在沙漠里开凿灌溉渠、栽种树木。可以想见，今后即使在夏冬两季，沙漠也会同样生机盎然。

喂！喂！

这里是高加索山区

在我们这儿，冬季里有冬天也有夏天，夏季里有夏天还有冬天。

我们这儿极高的山峰常年被冰雪覆盖着，卡兹别克山、厄尔布鲁士山"一览众山小"地直入云霄，甚至夏天灼热的太阳也拿那些山上的积雪和冰岩无可奈何。但是，我们不会向冬天的寒气屈服，这儿有如屏障一样的群山，有百花盛开的谷地和海滨。

冬天，那些野羚羊、野山羊、野绵羊顶多会从山顶被赶到山腰，如果让它们再往下走，那就说什么也做不到了。冬天，即使山上已经下起了大雪，山谷中下的却仍然是温暖的雨。

我们把在果树园里刚刚采下的橘子、橙子、柠檬交给国家。我们在花园里欣赏盛开着的玫瑰，看着蜜蜂嗡嗡地飞来飞去。在向阳的山坡上，第一批春天之花开放了，有白色带绿芯儿的花，有黄色的蒲公英。在我们这里，一年四季鲜花常开不谢，母鸡一年四季下蛋，毫不间歇。

冬天，我们这儿的飞禽走兽开始**挨饿受冻**的时候，它们不需要远走高飞，也不需要远离夏天居住的地方，只要从山顶走下来一点儿，到了半山腰、山脚或者山谷里，就可以解决温饱问题。

我们高加索地区吸引了许多鸟儿到此做客，它们就是那些为了躲避北方严寒而赶到这儿来的客人。我们高加索营救了多少"难民"，给予了它们多少温暖哪！

到我们这儿来做客的，有苍头燕雀、椋鸟、百灵、野鸭，还有长着长长嘴巴的钩嘴鹬。

虽然今天已经是冬至日，是一年之中白昼最短、黑夜最长的一天，可是，明天就是新年了，展示给你的是白天阳光灿烂、夜晚满天星斗。在我们伟大祖国的另一端——北冰洋，我们的朋友们连门都不敢出：那儿狂风横行，暴雪**肆虐**，严寒吞噬着一切。可是，在我国的这一端，现在出门的时候，我们连大衣都不必穿，穿上薄薄的外套就已经足够暖和了。我们观赏着**高耸入云**、连绵起伏的群山，看哪，那一弯细细的月牙正悬

挂在山头万里无云的晴空上。静静碧波里**荡漾**的海浪，轻轻拍击着我们脚下的岩石。

这里是黑海

多美啊，黑海里小小的浪花轻轻敲击着海岸，波涛温柔地微微荡漾，沙滩上的鹅卵石轻轻地晃动着，发出温柔、**朦胧**的声音，就像催眠曲那样好听。

天空中一弯细细的新月倒映在黑黝黝的水面上。海上的暴风季节已经走远。那时候，我们的大海也曾经波涛高涨，浊浪

滔天，狂风卷起的**惊涛骇浪**疯狂地拍击着岸边的礁石，远远地飞溅到岸上，轰隆隆、哗啦啦地怒吼着。当然，那已经是秋天里的事了。现在到了冬季，暴风已经很少来袭了。

黑海里并没有所谓的严冬，到了冬季也只是海水会稍微变凉，只有北部海岸一带会暂时出现海边结出薄薄冰层的现象。其余的时间里，我们的大海一直那么**欢腾雀跃**，聪明活泼的海豚在海里玩耍，黑鸬鹚喜欢在水中忽而潜伏忽而飞出，雪白的海鸥在海上飞掠而过。一年四季，海面上总匆忙来往着一些气派的大型汽船和轮船，还有摩托快艇偶尔在海面上疾驰，轻便的帆船飞速滑过。

许多鸟儿会飞到这儿来过冬，其中有潜鸟、潜鸭、胖乎乎的浅红色鹈鹕——它们嘴巴下面挂着一个盛放猎来的鱼儿的大肉袋。冬天的海洋并不会比夏天多些寂寞。

我们再回到圣彼得堡《森林报》编辑部。

你们看，在苏联全国各地，春夏秋冬四个季节是不同的。这都是我们苏联的春夏秋冬，都是我们祖国的特征的一部分。

你不妨请自己选择合意的去处，反正不论你走到哪儿，也无论你在哪儿定居，所到之处都自有它的美妙之处和一系列**具匠心**的设计。你可以探索、追寻和发现祖国大好河山里所有新奇的景色与丰富的物产资源，从而加入建设更加美好生活的行列中来。

这是我们今年第四次，也是最后一次面向全国各地进行无线电通报。无线电通报到此结束。

再见！再见！

我们明年再见！

极度饥饿月（冬季第二月）

> 大地被白雪覆盖，一片死寂，花草树木等待萌芽与绽放，小动物们为觅食而奔波彷徨。在寻找食物的过程中会发生什么有趣的故事呢，一起去文章中看一看吧。

1月21日到2月20日　太阳走进宝瓶宫

一年中12个月的欢乐诗篇——1月

用老百姓的话来说，1月是从冬到春的转折点，一年的开端，冬季的中心。

进入新的一年之后，白天就像兔子跳起来的样子似的，猛然向前一蹿——变长了。

白雪覆盖大地，覆盖森林，覆盖江河湖泊，所有的一切都仿佛进入了沉沉的酣睡。

有的动物在遇到危险的时刻，会巧妙地佯装死亡。有的花草树木在极端天气条件下生命迹象都消失了。但这只是暂时停止发育和生长，其实并没有真的死掉。

在一派死寂的白雪覆盖下，其实蕴藏着强劲的生命力，尤其是萌芽与绽放的力量。松树和云杉把它们的种子藏在**结结实实**像小拳头一般的球果里，保存得非常完整。

冷血动物躲藏起来，冻硬了，不再活动了。其实它们都没有死掉，连螟蛾这样看起来脆弱的小生命也并没死，它们只是钻到各种各样的角落里去了。

鸟类的血液温度无法降低，所以它们不能冬眠。还有其他许多动物，甚至是小老鼠，整个冬天都在奔来跑去忙个不停。而**酣眠**在白雪覆盖的熊洞里的母熊，在正月最寒冷的时候，竟然产下了一窝还没来得及睁开眼睛的熊宝宝，熊妈妈虽然已经整整一冬天没吃什么东西了，仍然能够给熊宝宝们喂奶吃，一直喂到春季来临，难道这不是一个**奇迹**吗！

森林中的大事

林子里好冷啊，好冷啊

刺骨的寒风在空旷的田野里怒吼，在光秃秃的白桦树和白杨树间满林子肆虐着。冷风钻入飞禽浓密的羽毛，它们感到浑身发冷、毛骨悚然。

它们不能蹲在地上，也不能栖在枝头，因为到处冰封雪积，小爪子被冻得难受！它们必须不停地奔跑、跳跃、飞翔，想尽一切办法给自己取暖。

谁要是有温暖、舒适的洞穴或巢，有粮食充足的仓库，那它的日子是很舒服的。因为它可以**吃饱喝足**，把身子蜷作一团，蒙头大睡。

吃饱的不怕冷

只要填饱肚子，飞禽走兽就什么也不怕了。饱吃一餐会使它们从体内散发出热量，促使血液变得更暖和一些，全身的血管中传播着一股温暖的力量。皮下厚厚的脂肪，就是暖和的毛皮外套或羽绒服里最保暖的衬里。就算严寒能穿透毛皮和羽毛，也绝对穿不透皮下厚厚的脂肪层。

如果食物丰富，那冬天绝对不可怕。可是，冬天里食物在哪里呢？到哪里去找哇？

狼和狐狸在整个树林里蹿来蹿去，但林子里一片死寂，有的鸟兽已经躲到**隐蔽**的地方过冬了，另一些则飞到其他地方去了。白天，只有乌鸦在林子里飞过；夜晚，雕鸮在空中不停地徘徊，它们都在努力地觅食。可是，什么也找不到哇！

森林里的日子没法过呀！饿呀！饿得要命啊！

一个跟着一个

突然，一只乌鸦先发现了一具马的尸体。

"呱！呱！"一大群乌鸦闻声飞来，想要落下来共进晚餐。

天色已经**昏暗**，月亮升起来，夜即将来临。

忽然，不知是谁在林子里幽幽地叹了口气："呜咕……呜，呜，呜……"

乌鸦吓得飞走了。只见林子里飞出一只雕鸮，直接落在马的尸体上。

它用嘴巴撕扯着马肉，耳朵不停地一抖一抖的，白眼皮飞快地眨呀眨呀。

可是，正当它想美美地吃上一顿时，突然，"沙沙，沙沙"，雪地上传来了一阵脚步声。

雕鸮匆忙飞到了树上。一只狐狸溜到了马尸跟前。

咔嚓咔嚓，一阵牙齿响。狐狸刚刚吃了一点儿，一只狼跑了过来。

狐狸**慌忙**逃进了灌木丛，狼扑到马尸上。它浑身的毛直立着，小刀子似的牙齿使劲地剃起一块块马肉，吃得高兴极了，喉咙呼噜呼噜直响，掩盖了周围所有的声音。过了一会儿，它好像听到了什么似的抬起头，咬紧牙齿，发出咯咯的声响，好像在威胁说："不许过来！"接着，它又埋头大吃起来。

突然，一声怪叫在它头顶炸响，狼吓得**屁滚尿流**，尾巴夹紧，飞也似地逃走了。

原来是森林里的霸主——熊，姗姗而来。

这下子，谁也别想再接近这顿美餐了。

夜幕降临了，熊饱餐一顿，终于打着哈欠走了。在一旁的那只狼一直夹紧尾巴，静静等着这一刻呢。

熊刚走，狼就飞奔到马尸旁。

狼吃饱了，狐狸又**迫不及待**地跑来了。

狐狸吃饱了，雕鸮又飞来了。

雕鸮吃饱了，这时乌鸦又飞拢来了。

这时候，天也快亮了，这一席免费盛宴早已被吃得一干二净，只剩下一点儿残余的马骨在那里。

芽在哪儿度过冬天

现在，一切植物都在沉睡状态中。它们都准备好了迎接春天的到来，准备好了开始发芽。

这些芽在哪儿度过冬天呢？

树木的嫩芽会悬在半空中过冬。各种草的芽，也纷纷选择了适合自己的过冬方法。

例如繁缕，它的叶子在秋天就枯黄了，整棵植物好像死了似的。芽还活着呢，颜色是绿的，它们在枯茎的叶脉里过冬。

而触须菊、卷耳、石蚕草，还有许多其他矮小的草，躲在积雪下保全了芽，自己也安然无恙，准备以绿色的盛装迎接春天的到来。

这些小草的芽都是在地上过冬的，虽然它们身材矮小。

其他草的芽也有自己特有的过冬方法。

去年的艾蒿、牵牛花、草藤、金梅花和立金花，此时只剩下半腐烂的茎和叶子，在地上什么也没留下。如果你细心，可以在紧挨地面的地方找到它们。

草莓、蒲公英、苜蓿、酸模和著草的嫩芽会在地面上过冬，不过，这些嫩芽被一丛丛绿色的叶簇紧紧包围着。这些草已经准备好了通体嫩绿地从雪底下钻出来。还有许多**与众不同**的草在地底下保存嫩芽，像鹅掌草、铃兰、舞鹤草、柳穿鱼、狭叶柳叶菜、款冬这些草的芽附着在根状茎上过冬，野大蒜、野葱等的芽依托在鳞茎上过冬，紫堇的芽则藏在小块茎里过冬。

陆地上植物的芽就在这些地方过冬，而那些水生植物的芽可以将自己深埋在池底或湖底的淤泥里睡个好觉。

小木屋里的荏（rěn）雀

在忍饥挨饿的岁月里，各种林中的飞禽走兽都凑到居民的住宅附近。在这里比较容易找到东西填饱肚子，可以靠一些垃圾来打发日子。

饥饿会使鸟兽变得大胆，就连**怯懦**的林中居民也变得胆子大了些。

黑琴鸡和灰鹤鹑会悄悄地溜进打谷场和谷仓，欧兔跑到村边的干草垛里**大吃大嚼**。有一天，我们《森林报》的通讯员打开自己住的小木屋的门，发现竟有一只荏雀从大门飞了进来。它身上的羽毛是黄色的，脸颊呈白色，胸脯上还有黑色花纹。只见它动作轻快地啄食餐桌上的食物屑粒，对人毫不畏惧。

屋主人掩上门，那只荏雀随后成了他的小俘虏。

它就这样在小木屋里待了足有一星期。没人管它，也没人喂它东西吃，它却一天天长胖了。它从早到晚就在屋里找东西吃。它在屋角找到了蟋蟀，还搜寻藏在地板缝里的苍蝇，啄吃食物碎屑；晚上，它就睡在俄国式大火炕背面的缝隙里。

这一周，它把屋子里的苍蝇和蟑螂都吃光了，于是又叼起了面包；还有书本呀、小盒子呀、软木塞什么的。不管是什么，只要落在它的视线里，就会被它啄得**面目全非**。

这时，房主人只好打开房门，把这位毫不客气的小客人撵出去。

我们怎样去打猎

一大早，爸爸带我去打猎。这一大早的，真的好冷啊！雪地上有很多脚印。爸爸说："这是刚刚踩出来的脚印。离这儿不

远的地方，一定有一只兔子。"

爸爸让我沿着脚印走，他自己守在那儿。如果有人把兔子从它藏身的地方撵了出来，它往往会先原地兜个大圈子，再沿着自己以前的脚印掉头跑。

我沿着脚印走。脚印很多，我一直往前走。不一会儿，我就把躲在一棵柳树下面的兔子给撵出来了。那只受了惊的兔子飞快地兜了个圈，然后踩着自己的脚印跑了回去。我焦急地等待着那声枪响。时间一分钟接一分钟地溜过去了。突然，树林里传出一声枪响。我迅速地朝枪响的地方跑了过去，只见一只兔子躺在离爸爸大概十米远的地方。我高兴地上前拾起猎物，就和爸爸带着这只兔子回家了。

野鼠搬出了树林

现在，林中许多野鼠的粮仓里已经空了。它们纷纷离开了自己的洞穴，为的是躲避白鼬、伶鼬、鸡貂和其他肉食动物。

这时，皑皑白雪给大地和树林披上了银白色的盛装，已经找不到可以吃的东西了。所以，成群饥饿的野鼠跑出了树林。人们的谷仓随时面临着被洗劫一空的危险，因此，要时刻警惕！

伶鼬在追逐野鼠。可伶鼬太少了，它们不能消灭所有的野鼠。

快看好粮仓，千万不要让粮食被这些可恶的啮齿动物给偷走了！

遵守规则的林中居民

现在，所有的林中居民都被严寒的冬天折磨着。林中法则是这样的：冬天要想尽办法逃避寒冷和饥饿的苦刑，鸟儿要坚定地杜绝孵雏鸟的念头。要知道，只有夏天才是孵雏鸟的季节。那时阳光明媚、**气候宜人**，食物也很丰裕——所有的居民都能吃饱肚子。

可是，在冬天能找到充足食物的居民，就不必遵守这个法则。

我们的通讯员在一棵高大的云杉上发现了一个鸟巢，里面躺着几枚小小的鸟蛋。这个小鸟巢就坐落在积满**残雪**的树杈上。

第二天，我们的通讯员又到那儿去了。那几天天气冷得要命，他们的鼻子都被冻得通红。他们往鸟巢里一看，里面已经有几只身子光秃秃的小雏鸟了。它们躺在巢里，眼睛还没来得及睁开呢。

怎么会有这么奇怪的事情呢？

其实这没什么好惊讶的。这是一对交嘴鸟夫妇做的巢，里面是它们刚刚孵出来的交嘴鸟宝宝。

交嘴鸟这种鸟，无论是寒冷还是饥饿都难不倒它们。

一年的任何时间里，你都可以在森林里看到这种鸟。它们一会儿从这棵树飞上那棵树，一会儿又从这片树林飞往那片树林，它们总是兴高采烈地互相招呼着。它们一年到头都**居无定所**：今天在这儿，也许明天就到了那儿。

春天，所有的鸟禽都寻找配偶，成双成对，然后夫妻俩选择一个地方定居下来，直到雏鸟出生。

这时候，交嘴鸟们仍然成群结队地满林子乱飞。它们无论在哪儿都不会停留太久。

在它们热闹的流浪鸟群里，一整年都可以看老鸟和小鸟在一起的景象。就好像它们的雏鸟，是它们一边在空中飞一边生下来似的。

在我们圣彼得堡，这种鸟还有个名字叫"鹦鹉"。人们给它们这样的称呼，是因为它们长得跟鹦鹉很像，也有一身颜色鲜艳的服装；还因为它们像鹦鹉一样，能在细木杆上爬上爬下，像打秋千一样转来转去。

雄交嘴鸟的羽毛大多是红色的，有深红也有浅红；而雌交嘴鸟和幼鸟的羽毛是绿色和黄色的。

交嘴鸟的爪子和嘴巴都很**灵活**，爪子会抓东西，嘴巴会叼起东西。它们非常擅长头朝下、尾朝下，用小爪子抓紧上面的细树枝，用嘴巴咬住下面的细树枝，就那么倒悬在空中。

奇妙的是，交嘴鸟死后尸体可以很久不腐烂。老交嘴鸟的尸体甚至可以放上 20 年，仍然**栩栩如生**，连一根羽毛都不会掉，更不会腐烂发臭，就像木乃伊一样。

更为有趣的是，交嘴鸟的嘴巴长得非常奇怪。除它以外，再没有其他什么生物长有那样的嘴巴了。

交嘴鸟的嘴巴，上下两片**交错**着生长：上半片弯下去，下半片翘起来。

交嘴鸟的本领几乎全靠这张奇怪的嘴巴；它所创造的一切奇迹，都能从这张奇怪的嘴巴上找到答案。

交嘴鸟刚生下来的时候，其实跟其他鸟儿一样，它的嘴巴是直直的。可是等它长大了，就开始学会啄食云杉和松树硬球果里藏着的种子。这时，它那柔软的嘴巴就慢慢变弯和上下交叉起来，并且从此以后都成了这副模样。这样的嘴巴成为交嘴鸟的一种优势，用交叉的弯嘴巴把球果里的种子钳出来非常方便。

这样一解释，就很明白了。

为什么交嘴鸟会终其一生在一片又一片树林里流浪呢？

因为它们需要四处去寻找，看哪儿的球果结得最多最好。比如今年，我们圣彼得堡获得了球果大**丰收**，交嘴鸟就来到了我们这里。而明年，北方如果有什么地方球果结得多，交嘴鸟就会飞往那里。

这也是为什么在冬季里交嘴鸟仍然能在漫天风雪中欢快地唱歌，并且孵育雏鸟了。

因为在冬季，到处都是球果，它们没有理由不**欢唱**，没有理由不**孵育**自己的宝宝。巢里暖暖和和的，里面铺满了绒毛、羽毛和柔软的兽毛。雌交嘴鸟产下蛋后，就暂时不会再离巢了。外出觅食的任务就只能交给雄交嘴鸟。

雌交嘴鸟需要一动不动地孵着蛋，为的是使蛋保持一定的温度；等雏鸟钻出蛋壳儿，雌交嘴鸟就把保存在嗉囊里已经被浸软的松子和云杉子吐出来喂给它们吃。所幸，在一年四季里，松树和云杉上都有数不尽的球果。

交嘴鸟一旦结为夫妻，就会随时筑起鸟巢，生儿育女。每当这个时候，它们就会暂时离开鸟群，不管当时是冬天还是春天。一旦筑好巢，它们就会搬进去。等到雏鸟长大一点儿，这一大家子就会重新加入鸟群。

为什么交嘴鸟死后，尸体会变成一具木乃伊呢？

主要原因就是它们终生都吃球果。在松子和云杉子里含有大量松脂，有些老交嘴鸟吃了一辈子松子、云杉子，身体已经被松脂渗透了，就好像皮靴被柏油浸透了一样。等它们死后，使尸体不致腐烂的正是松脂。

埃及人就是在死人身上涂满松脂，使尸体变成木乃伊的。

狗熊找到的好地方

一座小山坡上生长着密密层层的小云杉。狗熊就在这山上面住着。深秋时节，它给自己选了一块地方。它用脚爪抓下许多窄长条的云杉树皮，拿到小山上的一个坑里，然后铺上软绵绵的苔藓。它又把坑周围的一些小云杉啃倒，让这些云杉把坑盖起来——像个小棚子，它钻进去踏踏实实地睡着了。

可是，过了还不到一个月，猎狗还是发现了它，它使出浑身力气才从猎人眼皮底下逃脱。它想，直接睡在雪地上算了。但还是被猎人找到了，它再次侥幸逃跑，保住了性命。

它第三次隐居起来。这次，它找的地方真不错啊，任何人都不会想到它躲在那里。

春天到了，它才发现，原来自己高高地趴在树上睡了一大觉。以前不知什么时候，风暴把这棵树吹折过，树就倒着生长，形成一个坑。到了夏天，大雕把干枝和软草铺在里面，孵完宝宝就离开了。冬天，这只狗熊为了躲避猎人和猎狗的惊扰，竟爬到这个空中的"坑"里去了。

熬待春归月（冬季第三月）

> 森林中的生物迎来了冬季最严苛艰难的岁月，每个生物都为生存下去而不断努力着、挣扎着……快让我们去看一看，这些小动物都是如何保护自己，面对残酷的风雪的？

2月21日至3月20日　太阳走进双鱼宫

一年中十二个月的欢乐诗篇——2月

2月是越冬月。临近2月时开始不断地刮暴风雪。暴风雪在茫茫雪原上飞驰而过，却不留下任何踪影。

这是冬季最后一个月，也是最可怕的月份。这是啼饥号寒的月份，也是动物发情、野狼袭击村庄和小城的月份——由于饥饿，它们叼走狗和羊，到夜晚往羊圈里钻。所有的兽类身体变瘦。秋季贮存的脂肪已经不能保暖，不能供给养分。

小兽们在洞穴内和地下粮仓内的贮备正在渐渐被耗尽。

对许多生灵来说，积雪现在正从保存热量的朋友转变成越来越致命的仇敌。树木的枝丫**不堪重负**，纷纷被压断。野鸡们——山鹑、花尾榛鸡和黑琴鸡喜欢深厚的积雪，因为它们可以一头钻进里面安安稳稳地睡觉。然而灾难也**接踵而至**，白天冰雪解冻后，夜里气温骤降，雪面上便结了一层硬壳。你用脑袋去撞击这层冰吧，直到太阳把这硬壳烤化！

低吹雪一遍遍地横扫大地，填平了雪橇经过的道路……

能熬到头吗

一年中贮藏的食物被消耗得差不多了，天气却更加寒冷，许多动物会在饥饿中死去，或者被寒冷的天气夺走生命。每到这时，人们都不禁担心起来：动物们能熬过这个艰难的月份吗？

森林年中的最后一个月，最艰难的一个月——熬待春归月来临了。

森林里所有居民粮仓中的储备已快用完。所有兽类和鸟类都变瘦了——皮下已没有保温的脂肪。由于长时间在饥饿中度日，它们的食量消减了好多。

而现在，仿佛有意捣蛋似的，森林里刮起了阵阵暴风雪，严寒越来越厉害。这是冬季能**游荡**的最后一个月，它却让最凶狠的严寒气候降临大地。每一头野兽，每一只鸟儿，现在可要坚持住，积起最后的力量，熬到大地回春的时刻。

我们驻林地的记者走遍了所有森林。他们担心着一个问题：野兽和鸟类能熬到**春暖花开**的时候吗？

他们在森林里见到许多悲惨的事情。森林里有些居民受不

了饥饿和寒冷——夭折了。其余的能勉强支撑着再熬过一个月吗？确实会有这样的一些动物：没有必要为它们**担惊受怕**，它们不会完蛋。

严寒的牺牲品

严寒再加上刮风是很可怕的。每每这样的天气过后，在雪地里不是这里就是那里，你都会发现冻死的兽类、鸟类和昆虫的尸体。

暴风雪从树桩旁、被风暴**摧折**的树木下刮过，而那里恰恰是小小的兽类、甲虫、蜘蛛、蜗牛、蚯蚓的藏身之地。

这些地方温暖的积雪被吹落，在凛冽的风中冻结成冰。

就这样，暴风雪能把飞行中的鸟儿杀死。乌鸦是相当有耐受力的鸟类，但是在持久的暴风雪以后，我们往往会发现它们死在了雪地里。

暴风雪过去了，现在该"清洁工"忙碌了：猛禽和猛兽在森林里搜索，把被暴风雪杀死的一切动物收拾干净。

结薄冰的天气

最可怕的大概是冰雪解冻以后气温骤降，一下子把雪的表层冻结起来。雪上面的这层冰壳既坚硬又光滑，无论柔弱的爪子还是鸟喙都不能将它穿透。狍子的蹄子倒能把它踩透，但是也会被破冰壳锐利的边缘像刀子一样切割着腿上的皮毛和肉。

鸟儿怎么从薄冰下面弄到草和谷粒——食物呢？

谁都没有力量打通玻璃一样的冰壳，就只好挨饿。

还经常有这样的情况：

解冻了，地面的积雪变得潮湿而松软。傍晚，一群灰色的山鹑降落到上面，非常轻松地在雪地里挖了一个个小洞，在冒着热气的暖室里**沉沉入睡**。

然后夜里严寒**倏然而至**。

山鹑在温暖的地下洞穴里睡大觉，既没有醒来，也没有感觉到寒冷。

早晨它们醒了。雪下面暖洋洋的，但是它们呼吸困难。

得到外面去，因为要透透气，舒展舒展翅膀，找寻食物。

它们想飞起来，但头顶是像玻璃一样的薄冰。

薄冰的表面什么也没有，它的下面是松软的积雪。

灰色的山鹑用自己的脑袋撞击冰壳，撞到出血——希望能从冰盖下挣脱出去。

最终能挣脱死囚境地的那些山鹑是幸运儿，尽管它们**饥肠辘辘**。

玻璃青蛙

本报驻林地记者打碎了一个连底冻的池塘的冰块，从下面挖取淤泥。在淤泥中有一堆堆钻到里面过冬的青蛙。

等把它们弄出来以后，它们看上去完全像是玻璃做的。它们的身体变得很脆，细细的腿稍稍一碰就会断裂，同时发出清脆的响声。

我们的记者带了几只青蛙回家。他们小心翼翼地让冻结成冰的青蛙在温暖的房间里一点点回暖。青蛙稍稍苏醒过来，开始在地上跳跃。

因此可以期待，一旦太阳在春季里融化了池内的坚冰，晒暖了池水，青蛙就会在里面苏醒过来，而且**健健康康**的。

睡宝宝

在托斯纳河河岸上，距萨博里诺十月火车站不远处，有一个岩洞。以前人们在那里采沙，现在那里已经多年无人光顾了。

本报驻林地记者到了这个洞穴，在洞顶上发现了许多蝙

蝠——大耳蝠和棕蝠。它们头朝下，爪子抓住粗糙的洞顶，已经沉睡了五个月。大耳蝠把自己的大耳朵藏在折叠的翅膀里，用翅膀把身子包起来，仿佛裹在毯子里挂着睡觉。

我们的记者为大耳蝠和棕蝠如此漫长的睡眠担心起来，就给它们测脉搏，量体温。

夏天蝙蝠的体温和我们一样——37 摄氏度左右，脉搏每分钟 200 次。

现在测量得到的脉搏只有每分钟 50 次，而体温只有 5 度。

尽管如此，小小的睡宝宝的健康肯定丝毫不用担心。

它们还能自由自在地睡上一个月，甚至两个月，当温暖的黑夜来临时，它们就会完全健康地苏醒过来。

穿着轻盈的衣服

今天，在隐秘的角落，我已经发现了款冬。它正鲜花怒放，傲寒而立。可是你要知道，原来它的这些茎裹着一层轻盈的衣服：像鱼鳞似的小薄片，蛛丝一样的绒毛。现在穿大衣都觉得冷，它们也总得穿点儿什么吧。

不过你们不会相信我：周围是白雪世界，哪来的什么款冬呀？

可我告诉过你，我是在"隐秘的角落"里发现款冬的。这就是它所在的地方：一幢大厦的南侧，而且在那个位置，正好有暖气管道经过。"隐秘的角落"是一块化了雪的黑土地，那里地上像春天一样冒着热气。

但是空气中却是一片严寒！

尼·巴甫洛娃

迫不及待

当严寒刚刚有点儿消退，大地开始解冻的时候，各式各样的小东西就迫不及待地从雪地里爬了出来：蚯蚓、潮虫、蜘蛛、瓢虫、锯蜂的幼虫。

只要哪儿有一角从积雪下解放出来的土地——暴风雪经常把露在地面的树根下的积雪吹光——那里就是它们举办娱乐活动的地方。

昆虫要舒展它们麻木的腿脚。蜘蛛要捕猎，没有翅膀的雪盲蚊直接光着脚在雪上又跑又跳，空中飞舞着长脚的蚋群。

一等严寒降临，娱乐活动便告**终结**，于是整个团队又藏到树叶下、苔藓和草丛下的泥土中。

钻出冰窟窿的脑袋

一个渔夫在涅瓦河河口芬兰湾的冰上走着。经过一个冰窟窿时，他发现从冰下钻出一个长着**稀疏**的硬胡须的光滑脑袋。

渔夫想这可能是**溺水而亡**的人从冰窟窿里探出的脑袋。但是那个脑袋突然向他转了过来，于是渔夫看清了，这是一头野兽，长着有胡须的嘴脸，身体上紧紧包着一层长有油光短毛的皮。

它两只炯炯发光的眼睛顿时**直勾勾**盯着渔夫的脸，然后扑通一声，嘴脸在冰下面消失了。

这时，渔夫才明白，自己看见了一头海豹。

海豹在冰下捕鱼。它只是把脑袋从水里探出一小会儿，以便呼吸一下空气。

冬季，渔民经常在芬兰湾趁海豹从冰窟窿爬到冰上时打死它。

甚至常会有海豹追逐鱼儿而游入涅瓦河。在拉多加湖上有许多海豹，所以那里有了正式的海豹捕猎业。

抛弃武器

森林勇士驼鹿和公狍抛弃了双角。

驼鹿将双角在密林中的树干上摩擦，以便甩掉这沉重的武器。

两头狼发现其中一位头上没有角的勇士，便想对它发动袭击。在它们看来，取胜是轻而易举的。

一头狼在前面向驼鹿进攻，另一头在后面。

战斗结束得出乎意料的快。驼鹿用坚硬的前蹄踩碎了一头狼的头盖骨，转瞬之间就转身把另一头狼打翻在雪地里。狼全身**伤痕累累**，勉强来得及从对手身边溜走。

最近，老驼鹿和狍子头上已经露出新角。这是尚未变硬的隆起物，上面蒙着皮和蓬松的毛。

冷水浴爱好者

在加特钦纳波罗的海火车站附近一条小河上的冰窟窿边，本报的一位驻林地记者发现了一只黑肚皮的小鸟。

正值严寒天气，虽然天空中**太阳高照**，我们的记者在那个早晨还是不止一次地用雪去摩擦冻得发白的鼻子。

所以听到一只黑肚皮的小鸟在冰上唱得这么欢，他感到十分惊讶。

他走得靠近些。这时，小鸟突然跳起来，扑通一声一下子跳进了冰窟窿！

它会淹死的！记者想，于是赶快跑到冰窟窿边，想把失去**理智**的小鸟救出来。

小鸟在水下用翅膀划水，就像游泳的人用双臂划水一样。

它那深暗的脊背在清澈的水里闪烁，宛如一条**银晃晃**的小鱼。

小鸟潜到水底，用尖尖的爪子抓住沙子，在那里快跑起来。它在一个地方稍稍逗留了一会儿，用喙翻转一块小石头，从下面捉出一个黑色的水甲虫。

可是不一会儿，它已经从另一个冰窟窿出来，跳到了冰上，身子一抖，仿佛没刚才那回事似的，又欢乐地唱了起来。

我们的记者把手向冰窟窿里伸了进去。也许这里有温泉，河水是温的？他想。

但是他立马把手从冰窟窿里收了回来，冰冷的水激得手生疼。

直到这时，他才明白，他面前的是只水里的麻雀——河乌。

这也是一种不守常规的鸟，犹如交嘴鸟那样。它的羽毛上覆盖着薄薄的一层脂肪。当河乌潜入水中时，涂有脂肪层的羽毛中的空气变成一个个气泡，在水面上看，就像泛起了点点银光。

小鸟仿佛穿上了一件空气做的衣服，所以即使在冰冷的水中，它也感觉不到冷。

在我们圣彼得堡，河乌是**稀客**，只有在冬季才会经常出现。

在冰盖下

得惦记着鱼儿。

它们整个冬季都在水底深坑里。鲤鱼和鲟鱼在河内深坑里睡觉，而它们上方却是坚固的冰盖。常常有这样的情况：在池塘里，林中的湖泊里，鱼儿们开始觉得空气不足了。这时，它们抽搐着张大圆圆的嘴巴，喘着气游到紧贴冰盖的地方，用嘴吸收气泡。

这种情况下，可能出现鱼类大量**窒息**而死的事。于是到春季坚冰融化，你手持钓竿来到这样的湖边时，竟无鱼可钓。

得惦记着鱼儿，在池塘和湖泊里开几个冰窟窿，留意它们的情况，别让它们闷死，让鱼儿可以有空气呼吸。

茫茫雪海下的生命

在整个漫长的冬季，你眼望着覆盖着皑皑白雪的大地，不由自主地会**想入非非**：在它下面，这冰冷干燥的雪海下面究竟有什么呢？在它的底部是否还留下了有生命的东西？

本报记者在森林里，在林间空地上和田野上，挖了深深的几口雪井，一直挖到看见土壤。

在那里见到的现象出乎我们的一切臆想。那里露出了一些绿色的莲形叶丛，从干枯的草皮里钻出来的尖尖的嫩芽，还有各种草类的绿色小茎。虽然被沉重的积雪压得贴近了冻硬的地面，它们却都是活的。你不妨想一想——它们是活的！

原来在死气沉沉的雪海底部生活着的，有草莓，有蒲公英，有三叶草，有蝶须，有阔叶林中的草，还有其他形形色色的植物，它们都悠然自得地展现着碧绿的生机。而在柔软、多汁、绿莹莹的繁缕上，甚至长出了小小的花蕾。

在本报驻林地记者挖的一口口雪井的壁上，发现了一个个圆圆的小孔。这是小小的兽类用爪子挖掘的通道。它们十分擅长在花花雪海中为自己找到食物。老鼠和田鼠在雪下啃食可口而富有营养的小根，而凶猛的鼬鼯、伶鼬、白鼬，冬季就在这里捕食这些啮齿动物和在雪中夜宿的鸟类。

以往人们认为只有熊才在冬季产崽。有道是"幸福的娃娃穿着衬衣到世上"。小熊崽儿出生时个头很小——像老鼠那么大，可它们不是穿着衬衣生下来的，而是直接穿了毛皮大衣降生到世上。

现在科学家们调查清楚了，有些老鼠和田鼠冬季仿佛去别墅度假似的，爬出自己夏季的地下洞穴，来到地面透透新鲜空气，在雪下的树根上和灌木丛低矮的枝条上筑巢。奇就奇在它们冬季也常常产崽！小小的老鼠崽子生下来完全是赤裸裸的，不过窝里面很暖和，小小的妈妈用自己的乳汁喂养它们。

春天的预兆

尽管在这个月份严寒还十分强势，但已非隆冬时节那么寒冷无比。尽管积雪依然深厚，却不再那么耀眼和洁白。它变得有点儿暗淡、发灰和疏松多空隙了。屋檐下挂起了渐渐变长的冰锥，冰锥上又滴下冰融化后形成的水滴。你一眼看去，地面上已有了一个个水洼。

太阳越来越多地露出脸来，它已经开始传送暖意。天空也不再那么冷冰冰地泛着一派有些惨白的蓝色，它一天天地变得蔚蓝。天空的浮云也不再是那灰蒙蒙的冬云，已变得密密层层，眼看着就会有低垂的巨大云团滚滚而来。

刚透出一线阳光，窗口就有欢乐的山雀来报信了："把大衣脱了，把大衣脱了，把大衣脱了！"

夜里，猫咪在屋顶上开起了音乐会和比武大会。

森林里偶尔会有啄木鸟敲响鼓点。

在密林最幽深的地方，在云杉和松树下的雪地上，不知是谁画上了许多神秘的记号和许多费解的图案。在看到这些图形时，猎人的心会顿时收紧，然后激烈地跳动起来：这可是雄松鸡——森林里长着大胡子的公鸡，在春季坚硬的冰壳上，用强劲翅膀上坚硬的羽毛画出的花样。这就表明，松鸡的情场格斗，那神秘的林中音乐会，眼看着就要开场了。